Karl Tubeuf

Die Nadelhölzer

mit besonderer Berücksichtigung der in Mitteleuropa winterharten Arten

Karl Tubeuf

Die Nadelhölzer

mit besonderer Berücksichtigung der in Mitteleuropa winterharten Arten

ISBN/EAN: 9783743608795

Hergestellt in Europa, USA, Kanada, Australien, Japan

Cover: Foto ©Andreas Hilbeck / pixelio.de

Manufactured and distributed by brebook publishing software (www.brebook.com)

Karl Tubeuf

Die Nadelhölzer

Die Nadelhölzer

mit besonderer Berücksichtigung

der in Mitteleuropa winterharten Arten.

Eine Einführung in die Nadelholzkunde für Landschaftsgärtner, Gartenfreunde

und Forstleute.

Von

Dr. Carl Freiherr von Tubeuf

Privatdozent an der Universität München.

Mit 100 neuen, nach der Natur aufgenommenen Originalbildern

im Texte.

STUTTGART.

Verlag von Eugen Ulmer.

1897.

Hofbuchdruckerei Greiner & Pfeiffer, Stuttgart

Vorwort.

Es giebt eine Anzahl grosser dendrologischer und auch speziell den Coniferen gewidmeter Handbücher, aber keine kleinere mehr als Taschenbücher benutzbare Werkchen, die zugleich durch genügend viele und gute Abbildungen ihren Zweck erreichen.

Dies veranlasste den Herrn Verleger mich aufzufordern, ein auf wissenschaftlicher Basis stehendes und mit völlig neuen Abbildungen ausgestattetes Buch über die Nadelhölzer, welche in Mittel-Europa winterhart sind, zu schreiben.

Die Arbeit war mir dadurch wesentlich erleichtert, dass ich seit 1888 das dendrologische Colleg und die Bestimmungsübungen für die Studierenden der Forstwissenschaft an der Universität München halte und den dendrologischen Garten, das Coniferen-Herbar und die neuere Alkohol- und Formolsammlung von Nadelhölzern an der k. forstlichen Versuchsanstalt zu besorgen habe, sowie dadurch, dass ich nicht nur zahlreiche Gärten und Parkanlagen besuchte, sondern auch die forstlichen Anbauversuche, die in Bayern der Leitung des Prof. Dr. Hartig, des Vorstandes der botanischen Abteilung der k. bayer. forstlichen Versuchsanstalt anvertraut sind, persönlich kennen lernte.

Eine wesentliche Vorarbeit war mir auch mein im Jahre 1891 bei Springer in Berlin erschienenes Bestimmungsbuch „Samen, Früchte und Keimlinge der in Deutschland heimischen oder eingeführten forstlichen Kulturpflanzen", mit 179 Abbild., und meine neuere Abhandlung über die Haarbildungen der Coniferen, mit 12 Taf. 1896, in der von mir 1892 gegründeten und redigierten Forstlich-naturwissenschaftlichen Zeitschrift.

Mit Vorteil konnte ich ferner die Litteratur benutzen. So besonders das Handbuch der Coniferenkunde von Beissner und die ältere auch in diesem Werke schon verwendete Litteratur. Vor allem sind hier zu nennen: Die Synopsis der Nadelhölzer von Henkel und Hochstetter; Die Dendrologie von Koch und jene von Carrière; Die Bäume und Sträucher des Waldes von Wilhelm und Hempel; Die natürlichen Pflanzenfamilien von Engler und Prantl; Die Waldungen von Nordamerika von Mayr; Der Report über die Waldungen Nordamerikas von Sargent; Die Arbeiten von Booth: Die Flora von Californien von Watson; Die forstliche Flora Indiens von Brandis; Die Flora von Japan von Siebold und Zuccarini; Die Einführung japanischer Waldbäume in deutsche Forsten von Luerssen; Die Coniferen und Cycadeen von Richard; Das Manual of Coniferae von Veitch; die pflanzengeographischen Werke von Grisebach, Hildebrand, Brown, Engler, Drude und andere Werke und Abhandlungen.

Ferner wurden benutzt die nach Erscheinen des Beissnerschen Handbuches veröffentlichten Berichte der deutschen dendrologischen Gesellschaft; Die Flora von Japan von Sargent; Die Dendrologie von Köhne; Die Monographie der Abietinieen des japanischen Reiches von Mayr und besonders die Berichte über forstliche Anbauversuche mit fremdländischen Holzarten in Bayern von Prof. Dr. Hartig (Forstlich-naturwissenschaftliche Zeitschrift, 1892) und jene über diese Versuche in Preussen von Professor Dr. Schwappach (Zeitschrift für Forst- und Jagdwesen, 1891 und 1895).

Ich schloss mich der so wichtigen Einheitlichkeit wegen in der Nomenklatur Beissner an. Seinem Handbuche folgte ich auch bezüglich der „Formen", obwohl diese wechselnd sind und ihre Nomenklatur eine inkonsequente ist. Sie sind aber bereits in die Gärtnerkataloge aufgenommen.

Es empfiehlt sich jedoch, stets den Namensbezeichnungen eine kurze charakteristische Beschreibung beizufügen, wie es im Katalog von Peter Smith in Hamburg geschehen ist.

Mit Rücksicht auf die bereits in diese Kataloge übergegangene einheitliche Nomenklatur konnte auf die Angabe der Synonymen im allgemeinen verzichtet werden.

Im ganzen habe ich mich im Texte kurz gehalten und den wichtigeren und erprobten Arten stets mehr Raum gegönnt wie unsicheren Neuheiten, die erst erprobt werden müssen, bevor sie empfohlen werden können.

Da Südtirol noch in das Gebiet gehört, welches ich auf Exkursionen mit den Studierenden der Universität München zu besuchen pflege, sind manche dort kultivierte mediterrane Holzarten ausführlicher behandelt.

Sämtliche Clichés wurden in der chemigraphischen Kunstanstalt von O. Consée nach Abbildungen, die Herr Kunstmaler Kraus in München ausschliesslich nach der Natur gezeichnet hat, oder nach meinen Photographien hergestellt.

Besonderen Dank verdient die Verlagshandlung durch diese reichliche und künstlerische Ausstattung des Buches.

München, 1. Januar 1897.

von **Tubeuf**.

Coniferae, Nadelhölzer.

Die bedecktsamigen (gymnospermen) Pflanzen unterscheiden sich von den nacktsamigen (angiospermen) besonders dadurch, dass ihre Eierchen (Ovula) nicht in einem aus verwachsenen Blüten-(Carpell-)blättern gebildeten Fruchtknoten eingeschlossen sind, so dass die Pollenschläuche erst die Narbe und das Gewebe des Griffels durchwachsen müssten, um auf den Samenkern zu gelangen; sie sind vielmehr zur Blütezeit völlig frei, so dass das Pollenkorn direkt in den Eimund (Micropyle) zur Kernwarze gelangt. Die Gymnospermen bestehen aus 3 Ordnungen, den Cycadinae, Coniferae und Gnetineae.

Die Coniferen sind besonders durch die nackten Blüten, welchen jede Blütenhülle fehlt, ausgezeichnet. Die männlichen Blüten, welche nach dem Verstäuben abfallen, sind kätzchenähnlich. Sie tragen schuppenförmige Staubblätter, auf deren Unterseite sich die Pollensäcke befinden. Die weiblichen Blüten bestehen selten durch Unterdrückung des Fruchtblattes aus nacktem Ovulum allein, meist sitzen ein oder mehrere Ovula einem Fruchtblatte auf und oft bilden viele Fruchtblätter zusammen einen Zapfen. Die Blätter sind nadel-, schuppen- oder laubblattartig, bei einigen kommen als Assimilationsorgane auch blattartig verbreitete Kurztriebe vor. Die Achsen haben normales Dickenwachstum aus einem geschlossenen Cambiumring. Das sekundäre Holz enthält nur Tracheiden und Parenchym, niemals Gefässe. Spiraltracheiden kommen nur im primären Holze, also in der sog. Markkrone vor. Bei vielen Arten enthält das Holz Harzkanäle, die auch in allen anderen Organen der Coniferen vorkommen.

Die meisten Coniferen treten als Bäume, wenige in Strauchform auf, und verzweigen sich monopodial. Sie sind grösstenteils wichtige Glieder ausgedehnter Wälder, die meistens mehrere Coniferen und oft auch zugleich Laubhölzer enthalten, aber seltener nur von einer Art allein gebildet werden. Viele von ihnen erreichen sehr bedeutende Dimensionen und wird die Riesenwellingtonie an Höhe höchstens von Eucalyptus amygdalina übertroffen. Ihre Höhe wird auf 100—140 m angegeben bei einem astreinen Stamme von 60—80 m und 20 m Durchmesser. Auch die Sequoia sempervirens und die Douglastanne werden gegen 100 m hoch, und unsere gemeine Tanne, Fichte, Lärche 50 bis über 70 m u. s. w. Dementsprechend hoch ist auch das Alter der Nadelhölzer, welches für die Wellingtonie auf 2—4000 Jahre, für Cypresse, Eibe, Ceder auf 2—3000 Jahre und für andere Nadelhölzer auf mehrere hundert Jahre berechnet wird. Ihre grösste Bedeutung liegt in dem klimatischen Wert des Waldes, eingeschlossen den Zwergwald der Alpenlatschen, welcher als Wasserreservoir und -Regulator die grösste Wichtigkeit besitzt und Erhaltung fordert. Die Hauptnutzung des Nadelwaldes ist das Nutzholz und Brennholz, von geringerer Bedeutung die Nebennutzungen an Streu, Zweigen, Nadeln, Zapfen, Harz, Gerbrinde, Knospen, doch bieten in einigen Ländern noch die Samen als Nahrungsmittel die Hauptnutzung, so z. B. von den Araucarien in Chile und Brasilien, von den Pinien in Spanien etc.

Die meisten Coniferen sind immergrün und somit schattenspendend und schattenertragend. Zugleich aber sind sie hiedurch auf den Stand im geschlossenen Walde oder an luftfeuchten und kühleren Orten, an Küsten, Thälern, Hochgebirgslagen angewiesen, um vor austrocknendem Winde besonders bei gefrorenem und schneefreiem Boden geschützt zu sein. Nur wenige sind winterkahl, so die Lärchen, die Sumpfcypresse Taxodium distichum und Ginkgo biloba. Am meisten Trocknis vertragen einige Kiefern- und Wachholderarten, doch treten auch diese nicht auf der dürren Steppe auf. Die Nadelhölzer sind daher ferner auch durch stark cuticularisierte (mit Korkhäutchen versehene) Nadeloberfläche, versenkte und durch Haare und Wachspfropfen geschützte Atemhöhlen und deren hauptsächliche Ausbildung auf der Nadel-Unterseite vor schneller Verdunstung geschützt und schliesslich noch mehr durch starke Reduktion der Blatt-(Assimilations-)organe gesichert. Die Verbreitung der Coniferen erstreckt sich daher hauptsächlich auf die nördlich gemässigte Zone, auf die Hochgebirge der wärmeren Zonen und für die wenigen in den Tropen heimischen Arten auf die kühleren Gebirge.

Die in Deutschland eingeführten Arten entstammen zum grössten Teile Nordamerika, wo die härtesten Arten im Seengebiet, im nördlichen atlantischen Gebiete und im kontinentalen Teile von West-Nordamerika vorkommen, die empfindlicheren an der pacifischen Küste zu Hause sind. Die letzteren sind an luftfeuchten und milden Orten zu kultivieren, wie z. B. am Bodensee (Mainau), Heidelberg, in Tirol, viele gedeihen gut auf Wilhelmshöhe, der Insel Scharfenberg etc. Ein weiteres Hauptkontingent verdanken wir Japan und dem ihm nahen ost-asiatischen Gebiet, sowie dem Himalaya.

Die zahlreichen Coniferen des Mittelmeergebietes sind für Deutschland meist zu empfindlich, ebenso die südlichen Arten Nordamerikas und jene der südlichen Halbkugel.

Uebersicht der Gattungen der Coniferae oder Nadelhölzer.*)

A. Coniferen mit vollkommener Zapfenbildung. Die zur Blütezeit geöffneten Schuppen schliessen sich nach derselben und schliessen die hartschaligen Samen zwischen sich ein.

I. **Araucarieae.** Fruchtblätter einfach. Same 1, auf der Mitte der Fruchtblätter, umgewendet. Blätter spiralig.
  1. Zapfen zerfallend, Samen umgewendet, frei, geflügelt.
  Agathis.
  2. Zapfen zerfallend. Samen mit den Frbl. verwachsen.
  Araucaria.

II. **Abietineae.** Frbl. in Deck- und Samenschuppe getrennt, erstere meist verkümmert. Samen 2 auf der Samenschuppe umgewendet, frei, geflügelt, abfallend. Blätter spiralig.
  1. Mit Lang- und Kurztrieben.
     a. Kurztriebe mit 2, 3, 5 mehrjährigen Nadeln. Blätter der Langtriebe (ausser bei jungen Pflänzchen) nur schuppenförmige Niederblätter. Zapfenschuppen nach der Blüte verwachsend. Samenreife 2jährig. . **Pinus.**
     b. Kurztriebe mit Nadelbüscheln. Blätter der Langtriebe denen der Kurztriebe gleichgestaltet, spiralig. Zapfenschuppen nach der Blüte zusammenschliessend, aber nicht verwachsen.
        α. Nadeln mehrjährig. Samenreife 2—3jährig, Zapfen zerfallend . . . . **Cedrus.**
        β. Nadeln 1jährig, Samenreife 1jährig.
          * Zapfen nicht zerfallend . . . . . . **Larix.**
          ** Zapfen zerfallend . . . . . **Pseudolarix.**
  2. Nur mit Langtrieben, welche die spiralig stehenden mehrjährigen Nadeln tragen.

---

*) Unter Benützung der in Engler und Prantl's natürl. Pflanzenfamilien gegebenen Uebersicht.

α. Nadeln flach, an Schattenzweigen mit 2 weissen Spaltöffnungsstreifen unterseits, Blattgrund scheibenförmig der Rinde eingesenkt (ohne Nadelkissen).
* Zapfen aufrecht, zerfallend . . . . . **Abies.**
** Zapfen aufrecht, mit nicht vorsehender Deckschuppe, nicht zerfallend . . . **Keteleeria.**
*** Zapfen nickend, nicht zerfallend, mit nicht vorsehender Deckschuppe . . . **Tsuga.**
**** Zapfen nickend, nicht zerfallend, mit lang vorsehender Deckschuppe.
Pseudotsuga.
β. Nadeln auf erhabenen Blattkissen sitzend, 4kantig mit 4 weissen Spaltöffnungsflächen oder 2kantig mit 2 Spaltöffnungsflächen oberseits. Zapfen hängend, nicht zerfallend. Deckschuppe stets verkümmert. . **Picea.**

III. **Taxodieae.** Frbl. in Deck- und Samenschuppe höchstens an der Spitze getrennt; die Trennung oft nur durch eine Anschwellung auf der Innenseite angedeutet.

Samen 2—8 aufrecht achselständig oder auf der Fläche angewachsen und schliesslich umgewendet.
1. Langtriebe mit schuppenförmigen Niederblättern, Kurztriebe zu vielen quirlständig, mit 2 miteinander verwachsenen Nadeln . . . . **Sciadopitys.**
2. Nur Langtriebe mit Nadel- oder schuppenförmigen Laubblättern.
   a. Samen umgewendet.
      α. Frbl. mit schmalem Hautrande quer oberhalb des Samens . . . . **Cunninghamia.**
      β. Frbl. mit wulstförmiger Innenschuppe. **Arthrotaxis.**
      γ. Frbl. schildförmig, ohne deutliche Innenschuppe.
Sequoia.
   b. Samen aufrecht.
      α. Frbl. mit gezähntem Rande der Samenschuppe und abstehender Spitze der angewachsenen Deckschuppe.
Cryptomeria.
      β. Frbl. schildförmig, ohne abgetrennte Innenschuppe, ganzrandig.
         * Zapfen nicht zerfallend. Zweig-Absprünge.
Taxodium.
         ** Zapfen zerfallend. Zweig-Absprünge.
Glyptostrobus.

IV. **Cupressineae.** Laub- und Blütenblätter gegen- oder wechselständig. Samen aufrecht.
1. Fruchtblätter einfach, nach der Blüte miteinander verwachsend, später verholzend und aufspringend. Samen ausfallend.
   a. (Actinostrobinae). Fruchtblätter klappig.
      α. Zapfen von zahlreichen Hochblattquirlen behüllt. Quirle 3zählig . . . . **Actinostrobus.**
      β. Zapfen unbehüllt. Quirle aller Blätter, 2, 3 und 4zählig . . . . **Callitris.**
      γ. Fruchtbl. ein wenig dachig. Quirle 2—3zählig.
           Fitzroya.
   b. (Thujopsidinae). Fruchtblätter dachig. Alle Blätter in 2zähligen Quirlen.
      α. Samen mit 2 Flügeln.
         * Zapfen kugelig, 4—8 Fruchtblätter mit je 4—5 Samen, dick und mit Aussenhöcker. **Thujopsis.**
         ** Zapfen länglich, Fruchtblätter 4; das obere Paar fruchtbar, je 2 unsymmetrisch geflügelte Samen tragend. Fruchtblätter mit Aussenhöcker oder Sporn am oberen Ende . **Libocedrus.**
         *** 6—8 Fruchtblätter, glatt und dünn, die beiden oberen fruchtbar m. je 2 symmetrisch geflügelten Samen . . . . . . **Thuja.**
      β. Samen ungeflügelt. Fruchtblätter mit Aussenhöcker.
           Biota.
   c. (Cupressinae). Fruchtblätter schildförmig, Quirle aller Blätter 2zählig.
      α. Fruchtblätter vielsamig, Seitenzweige 4kantig, alle Blätter gleichgestaltet. Samenreife 2jährig.
           Cupressus.
      β. Fruchtblätter meist 2samig, Seitenzweige 2kantig, Blätter verschieden als Flächen- und Kantenblätter ausgebildet . . . . **Chamaecyparis.**
2. Fruchtblätter einfach, fleischig werdend, mit den Rändern verwachsen bleibend. Samen bleiben eingeschlossen. Samenreife 2jährig . . . . **Juniperus.**

B. Coniferen mit unvollkommener Zapfenbildung oder nackten Samen. Samen mit pflaumenartiger Aussenschale oder Arillus.
   V. **Podocarpeae.** Frbl. stets vorhanden mit einem mehr, weniger umgewendeten, selten aufrechten Samen.

a. Samen ganz umgewendet, zwischen den zur Reifezeit fleischigen Zapfenschuppen ganz oder fast ganz versteckt. Arillus kurz.
   α. Frbl. zur Reifezeit verwachsen. Blätter nadelförmig.
                                        Saxegothaea.
   β. Frbl. frei. Blätter schuppenförmig. Microcachrys.
b. Samen gegenläufig, die Frbl. überragend. Aeusseres Integument fleischig . . . . Podocarpus.
c. Samen wenig umgewendet, im unteren Teile der Fruchtblätter eingewachsen oder achselständig aufrecht.
                                          Dacrydium.
VI. **Taxaceae.** Same aufrecht, Fruchtblätter bei manchen fehlend und Same dann ganz nackt bleibend.
a. Mit Lang- und Kurztrieben.
   α. Kurztriebe als Flachsprosse ausgebildet. Alle Blätter nur schuppenförmig . . . . . . Phyllocladus.
   β. Blätter als keilförmige Laubblätter ausgebildet, alle gleich, an Kurztrieben in Büscheln, an Langtrieben spiralig . . . . Ginkgo.
b. Nur mit Langtrieben.
   α. Fruchtblätter zur Reife verkümmert, mit 2 aufrechten Samen, mit pflaumenartiger Aussenschale.
                                          Cephalotaxus.
   β. Samen nackt, aufrecht, ohne Fruchtblätter.
     * Arillus den Samen völlig einschliessend: weibl. Blütensprösschen mit 2 Samen . . . Torreya.
     ** Arillus frei bleibend, nur becherartig umhüllend; weibl. Blütensprösschen mit 1 Samen. Taxus.

I. Araucarieae.

Bäume aus wärmeren Klimaten mit zur Reifezeit zerfallenden Zapfen, deren Schuppen einfach sind und nur innen manchmal eine abstehende Ligula (Häutchen) zeigen. Auf der Mitte der Fruchtblätter sitzt umgekehrt der (eine) Same. Die Araucarieen enthalten 2 Gattungen.

Agathis (Dammara).

Diese Gattung besteht nur aus 4 Arten, welche im nordöstlichen Australien, auf den malayischen Inseln, den Philippinen, Neu-Seeland und einigen anderen Inseln vorkommen. Sie bilden grosse Bäume, mit lederigen grossen Laubblättern und mit Zapfen, deren Fruchtblätter je einen kleinen, unsymmetrisch geflügelten Samen tragen. Aus dem Stamm der **A. Dammara** Rich. fliesst das hauptsächlich zu Firnis verwendete Dammar-Harz, aus jenem der Kaurifichte (**A. australis** Salisb.) der ebenso benützte Kauri-Kopal, welcher aber auch von den Eingeborenen gekaut wird. Dieser wird nicht im stehenden Walde gesammelt, sondern nur auf Heiden, wo früher Kauriwälder stockten und wo er in Menge im Boden zurückblieb. Die sehr hohen Stämme der Kaurifichte liefern aber auch ein sehr wertvolles Holz zu Schiffbau, Hausbau, Brettware, für die Schreinerei etc.

Araucaria.

Die männlichen Blüten der Araucarien sind lange Walzen mit 8—15 Pollensäcken. Die Zapfen sind kugelig und zerfallen zur Reifezeit. Die Samen sind mit den Zapfenschuppen völlig verwachsen und zwar je 1 Same umgekehrt auf der Schuppe. Bei A. brasiliana Lamb, A. imbricata Pav., A. Bidwillii Hook. sind die Fruchtblätter geflügelt, bei A. excelsa R. Br., A. Cookii R. Br., Cunninghamii Ait. ungeflügelt.

Beide Abteilungen unterscheiden sich auch in der Belaubung dadurch, dass die ersteren grosse, derbe, flache, spitz endende, mit breiter Basis ansitzende, abstehende Blätter haben, während die letzteren nadelförmige Blätter mit herablaufendem Blattgrunde (ähnlich Cryptomeria) tragen.

Die Schmucktannen sind alle hohe Bäume mit regelmässiger Quirlbeastung, waldbildend in wärmeren Ländern. So tritt **A. brasiliana** bestandbildend in der Bergregion Brasiliens, **imbricata** im südlichen Chile auf, während alle anderen Arten im östlichen Australien heimisch sind, so **A. Bidwillii** und **Cunninghamii** in Neu-Süd-Wales, **A. excelsa** auf den Norfolk-Inseln, **Cookii** und **Rulei** auf Neu-Caledonien, wo noch 3 andere Species unterschieden werden. Alle Arten, vorzüglich aber A. excelsa, werden bei uns als Zimmerpflanzen in den Handel gebracht und in Gewächshäusern auch zu grösseren Exemplaren gezogen. Im Sommer können sie ins freie Land gestellt werden. Am härtesten ist A. imbricata, welche an den oberitalienischen Seen im Freien gut aushält, auch auf der Mainau steht sie im Freien, doch verlangt sie hier im Winter ein Schutzdach gegen Schnee. Man zieht sie am besten aus Samen, kultiviert sie in lehmig-sandigem Boden und vermeidet Wurzelverletzungen beim Verpflanzen. Weniger geeignet ist die Kultur mit Stecklingen. Dagegen veredelt man im Sommer seltenere Arten durch Anplatten an die Stammbasis junger Chilitannen (A. imbricata) und verwendet hiezu aufrechte Triebe, die sich nach dem Köpfen einer Pflanze von Knospen der Seitentriebe immer wieder entwickeln. In ihrer Heimat liefern die 40—60 m hohen Stämme wertvolles Nutzholz, die grossen, in den Zapfen reichlich gebildeten Samen ein geschätztes Nahrungsmittel.

Fig. 1. Araucarien (1.2.3.) mit regelmässiger Quirlbeastung.
1. Araucaria Bidwillii Hook. 2. Araucaria imbricata Pav. 3. Araucaria excelsa R. Br.
4. Cryptomeria japonica mit zerstreuten Aesten.

II. Abietineae.

Die Abietineen sind lauter Waldbäume; nur wenige treten im Hochgebirge oder an der nördlichen Verbreitungsgrenze in Strauchformen auf. Sie sind alle Zapfenträger. Die Zapfenschuppen sind in Deck- und Samenschuppen gegliedert, die ersteren jedoch verkümmern oft nach der Blütezeit. Auf den Samenschuppen sind 2 geflügelte Samen umgekehrt angewachsen, die sich erst zur Reifezeit ablösen. Die Samenflügel verkümmern nur bei den ganz grossen, schweren Samen, welche durch Tiere (Vögel, Eichhörnchen) verbreitet werden. Die Keimlinge haben alle mehr wie 2 Cotyledonen.

Die männlichen Blüten bilden eine Spindel mit spiralig stehenden Staubblättern. Diese tragen unterseits 2 verwachsene, spaltig aufspringende Pollensäcke. Die Exine (Aussenhaut) der Pollenkörner ist bei allen mit Ausnahme von Tsuga zu einem Flugapparat blasig ausgewachsen. Die Knospen sind durch trockenhäutige Schuppen behüllt. Die Blätter sind stets nadelförmig und mit Ausnahme der winterkahlen Larix und Pseudolarix von mehrjähriger Dauer.

Alle bestandbildenden Nadelhölzer Europas, die in reinen und gemischten Waldungen vorkommen, sind Abietineen. Nur Taxus, der keine Bestände bildet, sondern beigemischt im Nebenbestande auftritt, und der strauchige Juniperus sind europäische Nadelhölzer, welche nicht zu den Abietineen gehören. Alle Abietineengattungen mit Ausnahme von Tsuga, Pseudotsuga und Pseudolarix haben waldbildende Vertreter in Europa und speziell in Deutschland. Gerade die Tsuga-Arten und vor allem Pseudotsuga sind versuchsweise im deutschen Walde bereits angebaut. Alle Abietineengattungen gehören dem borealen und boreal-subtropischen Areal an und treten noch in den Gebirgen der westindischen Tropen und von Central-Amerika auf. Man kultiviert sie durch Samen und veredelt seltenere oder empfindlichere Arten auf härtere, einheimische, unter Benützung von Gipfeltrieben, die sich an Seitenästen nach Entfernung des Gipfels ausbilden. Nur wenige Arten geben reichlicheren Stockausschlag, wie z. B. Pinus rigida.

Pinus, Kiefern, Föhren.

Immergrüne lichtliebende Waldbäume in der nördlich gemässigten Zone, nur in Gebirgen den Wendekreis überschreitend. Selten in Strauchformen auf Mooren oder nahe der Baumgrenze auftretend. Etwa 70 Arten, wobei 10 Europäer. Die Belaubung besteht in grossen, zu 2, 3, 5 in bescheideten Kurztrieben sitzenden Nadeln. Die Kurztriebe stehen in der Achsel von schuppenförmigen Primärblättern. An jungen Pflanzen findet man jedoch diese Jugendblätter völlig als Assimilationsorgane (grüne Laubblätter) entwickelt. Cotyledonen zahlreich. Die männlichen Blüten stehen gehäuft an der Basis der Langtriebe, die weiblichen an der Spitze oder in der Mitte derselben, aus Quirlknospen entstanden. Die Zapfen, welche im ganzen nach einigen Jahren abfallen, reifen im zweiten Jahre ihre meist deutlich geflügelten Samen. Alle Zapfen besitzen eine verdickte Apophyse (Schuppenschild) mit erhöhtem Nabel. Die Deckschuppen sind von Anfang an verkümmert, die Samenschuppen sind allein gross entwickelt mit zwei umgewendeten Eierchen, den späteren Samen. Die zwei Pollensäcke der Staubblätter springen der Länge nach auf. Das Holz aller Arten enthält Harzkanäle. Man kann die Kiefern praktisch einteilen in Zweinadler (Sektion Pinaster), Dreinadler (Sektion Taeda), Fünfnadler mit dickschuppigen Zapfen (Sektion Cembra), Fünfnadler mit dünnschuppigen Zapfen (Sektion Strobus).

Wir unterscheiden hier aber nur zwei Hauptabteilungen nach der Zapfenform.

1. Sektion Pinaster.

Apophyse der Zapfenschuppen in der Mitte (auf der Fläche) genabelt. Zapfenschuppen dick und fest. (Zwei- und Dreinadler.)

a. Zweinadelige Kiefern (Subsektion Pinea).

Die Nadeln stehen zu 2, selten zu 3 oder 1 im Kurztrieb, der von trockenhäutigen Schüppchen anliegend bekleidet ist. Der Nabel auf der Apophyse trägt keinen kräftigen Dorn wie bei den Dreinadlern. Etwa 20 Arten zerstreut im ganzen Verbreitungsgebiete der Kiefern vorkommend. Zu dieser Sektion gehören alle europäischen Arten mit Ausnahme von P. Cembra und P. Peuce. Mehr lichtbedürftig wie jene der Sekt. Strobus und Cembra und weniger empfindlich gegen Trocknis.

Pinus silvestris L... (Fig. 2*) die gemeine Kiefer, Föhre, Fohre, Forche, Forle. In Europa der verbreitetste Nadel-Waldbaum zwischen dem 37.° n. Br. in der Sierra Nevada und dem 70.° n. Br. der Westküste Norwegens. Aber auch in Asien kommt die Kiefer von Sibirien bis Kleinasien und Persien vor. Sie erscheint in ausgedehnten reinen Hochwaldungen wie in Mischung mit Fichte, Tanne, Buche, Birke und anderen Laubhölzern. In Norddeutschland grosse Strecken der Ebene einnehmend, geht sie in Finnland bis 280, in Norwegen und im bayerischen Walde bis ca. 950, in den bayerischen Alpen bis

---

*) **Figurenerklärung von Fig. 2 Pinus silvestris:** Alle Objekte mit Ausnahme der vergrösserten Fig. 5, 6, 8, 9 sind in natürl. Grösse gezeichnet. 1. Kieferntrieb mit männlichem Blütenstand an der Basis des Maitriebes. Die Stellen, an welchen die männl. Blüten im Vorjahre und vor 2 Jahren sassen, zeigen sich als Lücken in der Benadelung. 2. Maitrieb, am Ende eine gestielte weibliche Blüte, aus einer Quirlknospe gebildet, tragend. 3. Zweig vom Herbste mit einem reifen vorjährigen und 2 jungen einjährigen Zäpfchen am Ende des diesjährigen Triebes, dessen Nadeln künstlich entfernt sind. 4. Keimling mit 7 dreikantigen, glattrandigen Cotyledonen (Fig. 5) und beidkantig gesägten Primärblättchen (Fig. 6). 7. Kurztrieb mit 2 Nadeln, zwischen welchen sich die Scheidenknospe entwickelt hat. 8. Schuppe aus der weiblichen Blüte; nach vorne die Samenschuppe mit den 2 Ovulis, dahinter die Deckschuppe. 9. Pollenkorn mit der zu 2 Flugblasen erweiterten Exine (Aussenhaut). 10. Reifer geöffneter Zapfen. 11 und 12 Zapfenschuppen von aussen und innen. 13. Geflügelter Same. 14. Entflügelter Same. 15. Flügel, der den Samen zangenförmig umfasste, nach Entfernung des Samens.

Fig. 2. Pinus silvestris L.

1600 m. in den Centralalpen und Pyrenäen bis 1900 und 2000 m an den Bergen empor.

Sie ist eine völlig **harte** Holzart, die nur nach intensiven Spätfrösten oder nach frühzeitigem Insekten-(Kiefernspanner-)frass zuweilen erfriert.

Sie verträgt auch sehr hohe Temperaturen des Sommers und direkte Besonnung, gegen welche sie durch starke Borke geschützt ist.

Sie ist eine entschiedene **Lichtpflanze**, die nur wenig Beschattung verträgt. Sie stellt sich daher auch im Alter bald licht, reinigt sich hoch hinauf von Aesten und kann nur bei lichter Stellung natürlich verjüngt werden. Bei natürlicher Verjüngung gemischter Waldungen fliegt sie zuletzt noch in allen Lücken an. Im Alter bildet sie eine schirmförmige **Krone** ähnlich der Pinie. Sie kann ein **Alter** von mehreren hundert Jahren und eine **Höhe** bis ca. 48 m erreichen, doch beendet sie durchschnittlich den Höhenwuchs mit ca. 50 Jahren und erreicht eine Höhe bis etwa 40 m.

Ihre Ansprüche an **Standort** und **Boden** sind geringe, so dass sie allein noch forstliche Verwendung findet zur ausgedehnten Kultur reiner Sandflächen und Ortsteinstrecken. An letzteren ist ihr jedoch Pinus rigida vorwüchsig. Auf Hochmooren wird sie durch Pinus montana vertreten. Auf Wiesenmooren tritt sie als Kümmerling auf. Auf besseren, besonders lehmreichen, sandigen oder gar humosen Böden ist sie entsprechend schnellwüchsiger und bildet starke, schlanke Schäfte hochwertigen Nutzholzes. Besonders gerade Stämme bildet sie im Norden Europas. Auf guten Böden giebt sie bedeutenden Lichtungszuwachs; zu besserem Gedeihen verlangt sie vor allem Tiefgründigkeit und Lockerheit des Bodens.

Gefährdet ist sie durch Schneedruck und Schneebruch und wird in gefürchteten Schneebruchlagen besser durch die mehr gesicherte Weymouthskiefer ersetzt.

Sie wird meist durch **Saat** oder **Pflanzung** bei Kahlschlagwirtschaft, doch auch natürlich durch schlagweise Schirmbesamung und durch Seitenbesamung in Saumschlägen verjüngt.

Im kleinen Garten hat die Kiefer keine Bedeutung, da sie zu wenig belaubt und nicht schattenspendend ist, sich auch zu früh von Aesten reinigt, dagegen bieten alte Kiefern im grösseren Park ein sehr dekoratives Bild. Auch haben ganze Horste oder Bestände von älteren Kiefern einen eigenen Reiz.

Die Kiefer **blüht** im Mai mit gelben oder rötlichen männlichen Blüten an der Basis, mit den 2—3 aufrechten, gestielten, roten, aus Quirlknospen entstandenen weiblichen Blüten an der Spitze anderer, junger Triebe.

Die Mannbarkeit tritt schon mit dem 30.—40. Jahre, und wie bei allen Holzarten, viel früher im Freistand (15—30 J.), wie bei Bestandesschluss (40—60 J.) ein.

Nach erfolgter Bestäubung schliessen sich die jungen Zapfenschuppen und verwachsen miteinander, um sich erst zur Reifezeit beim Vertrocknen und Verholzen der Zapfen wieder zu öffnen.

Die Zäpfchen biegen sich allmählich nach abwärts und hängen dann im Winter schon an ihren ziemlich langen Stielen.

Die Befruchtung der Eizelle tritt erst im folgenden Frühling, die Samenreife bis zum Herbste ein. Die Samen entfallen dem ausgewachsenen, zur Reifezeit grauen, vorher grünen Zapfen, während des Winters. Die Zapfen sind 4—6 cm lang, eikegelförmig mit starker rautenförmiger Apophyse und erhabenem, gleichfarbigem Nabel. Sie werden in Darranstalten durch hohe Temperaturen künstlich zum Oeffnen und Entlassen der Samen gebracht. Die Samen sind vom Flügel zangenförmig umfasst. Sie sind bis 5 mm lang, zum Teil gelb, zum Teil schwarzbraun. Bei Frühjahrssaat laufen sie in 3—6 Wochen auf. Ihre Keimdauer beträgt ca. 3 Jahre und nimmt dann sehr stark ab. Guter Samen hat 60 bis 70 Proz. Keimfähigkeit. Zum Schutze gegen Vögel bestreut man den nassen Samen vor der Saat mit Mennigpulver.

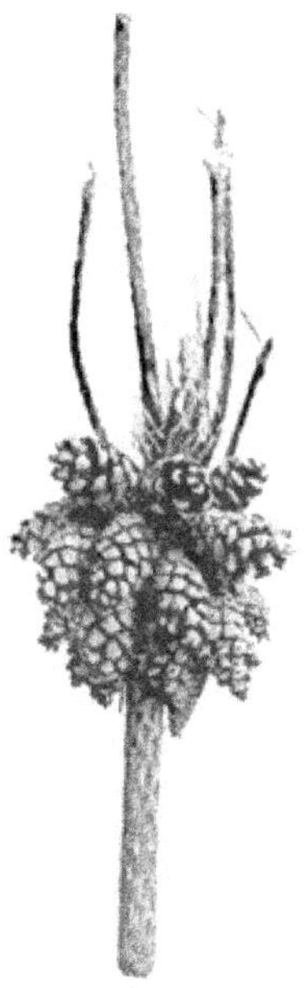

Die Keimlinge haben 5—6 ganzrandige Keimblätter (Cotyledonen), die im Herbste des ersten Jahres vertrocknen, und gesägte Erstlings-(Primär-)blätter, die zum Teil Achselknospen tragen.

Fig. 3.
Pinus silvestris L.
Sogenannte Zapfensucht. Statt 2—3 Zapfen hat sich eine sehr grosse Zahl derselben entwickelt. Die einzelnen Zapfen sind bedeutend kleiner wie die normalen.

Im zweiten Jahre vertrocknen die Primärblätter und die im oberen Teile entwickelten lassen ihre Achselknospen zu Kurztrieben mit zwei typischen Nadeln austreiben. Das zweite Jahr schliesst mit einer kegelförmigen, trockenen, beschuppten Gipfelknospe und 2—3 Quirlknospen ab, die sich im dritten Jahre zu den ersten Wirtel- oder Quirlästen entwickeln. Von nun an treten die Primärblätter nur noch als Schuppen auf, in deren Achseln die Kurztriebe stehen.

Die Kurztriebe tragen zwischen den zwei Nadeln die schlafende Scheidenknospe, die bei Verletzungen der Pflanze (Wildverbiss, Insektenfrass etc.) zu einem Triebe auswächst.

Die Triebe haben an den Küsten im Winter nur einjährige, im Binnenlande zweijährige und im Gebirge mehrjährige Benadelung.

Die Kiefer besitzt folgende Knospenformen: 1. Gipfelknospen. 2. Quirlknospen: a. solche, die sich zu Quirltrieben entwickeln; b. solche, die Blüten bilden; c. schlafende Augen, die nach starken Verletzungen die kleinen Rosettentriebe bilden. 3. Kurztrieb-Scheidenknospen. 4. Primärblatt-Achselknospen junger Pflänzchen, die nur vor Beginn der Borkebildung, also bis etwa zum 5. Jahre ausschlagsfähig sind, dann aber mit der Rinde absterben, und ferner Primärblatt-Achselknospen junger Zweige, die sich zu männlichen Blüten entwickeln.

Die abgefallenen Nadeln haben vor allem grosse Bedeutung durch die Streubildung, zumal auf ärmeren Böden. Sie werden aber auch verwendet zur Herstellung von Waldwolle, Nadelöl, Extrakt etc.

Die Knospen waren früher als turiones pini officinell.

Die Rinde bildet frühzeitig Borke, die sich in den oberen Baumteilen in dünnen rotbraunen Platten abschuppt, wodurch die gemeine Kiefer rötlich leuchtet. Im unteren Stammteil bleibt aber eine sehr dicke Tafelborke sitzen und reisst in tiefen Längsrissen auf. Die Rinde ist sehr harzreich, weshalb die Kiefer auch zur Terpentingewinnung benutzt wird durch das sogenannte Pecheln, welches aber in jeder geordneten Waldwirtschaft verboten ist. Das Terpentin und Colophonium wird daher durch trockene Destillation des harzreichen Holzes gewonnen.

Das Holz mit braunem Kerne und gelblichem Splinte, und zahlreichen, grossen Harzkanälen wird als Bauholz zu Hoch-, Gruben- und Wasserbau, als Schreinerholz zur inneren Hauseinrichtung und sehr viel als Brettware, weniger wie Fichtenholz zur Holzpflasterung, aber auch zu Tischen, Bänken, Stühlen, Kisten etc. und besonders als Brennholz verwendet. Das harzreiche Kienholz dient, wie die alten Zapfen, zur Anfeuerung, ferner aber noch zur Bereitung von feinem Russ.

Nur in tiefgründigem Boden kann die natürliche Pfahlwurzel zur Entwickelung kommen und den Baum gegen Sturm schützen.

Zahlreiche Wurzeln streichen ganz flach und werden zuweilen

getrevelt, um als grobes Flecht- und Bindematerial verwendet zu werden.

Die Formen der Kiefer bieten wenig Interesse für den Gärtner.

Man unterscheidet als Wuchsformen: virgata, Schlangenkiefer; pendula, Hängekiefer; fastigiata, Säulenform; compressa, steifere Säulenform; columnaris compacta, dichtere Säulenform; pyramidalis, Kegelform; pumila u. pygmaea, Beveronensis, Zwergformen; umbraculifera, kleiner breiter Busch.

Als Zapfenform wird macrocarpa mit abnorm grossen Zapfen unterschieden.

Blattformen: monophylla mit einblätterigen (aus 2 Nadeln verwachsen) Kurztrieben; microphylla mit sehr kleinen Blättern.

Farbenformen: glauca, klein mit blaugrüner Belaubung; argentea, silberweiss; variegata mit gelb benadelten Zweigen; aurea mit gelbem Schimmer; erythranthera mit roten männlichen Blüten.

Bastarde: die rhätische Form f. rhaetica Br. = P. silvestris $\times$ montana.

Pinus montana Mill., Krummholzkiefer, Bergkiefer, Bergföhre, Latsche, Knieholz. Die Krummholzkiefer tritt über der Waldgrenze in den Gebirgen und auf den Hochmooren der Ebene in verschiedenen Wuchsformen auf.

Im Hochgebirge bedeckt sie in ausgedehnten, fast undurchdringlichen Feldern als Latsche oder Knieholz die Hänge, indem sie, auf dem Boden hingestreckt, abwärts kriechend, die Aeste säbelig aufkrümmt, wobei die oberen Aeste dachartig die unteren decken. Solche Latschenbeete bieten wertvollen Schutz gegen Lawinen. Diese Kriechform ist die einzige Form der Bergkiefer im Hochgebirge der Alpen, Pyrenäen, Abruzzen, im Schwarzwald, Riesengebirge, Erzgebirge, bayerischen Wald etc. Auf den Hochmooren tritt die Pinus montana ausserdem in gewöhnlicher Baumform als sogenannte Spirke auf, erreicht selbst Höhen von 25 m und behält eine pyramidenförmige Krone. Endlich erscheint sie in Buschform, wobei sich kein eigentlicher Stamm erhebt, sondern alle Aeste aufstrebend einen eiförmigen, dichtgeschlossenen Busch bilden.

Sie ist von Centralspanien bis in die bukowinischen Alpen, vom Thüringerwalde bis in die calabrischen Abruzzen verbreitet von ca. 300 bis ca. 2700 m. Sie erreicht ein Alter bis zu 300 Jahren.

Sie tritt in zahlreichen Fruchtformen auf, die sich in 3 Haupttypen zusammenfassen lassen:

1. Die Hackenkiefer, f. uncinata:[*]) Der Zapfen ist unsymmetrisch,

---

[*]) Pinus montana forma uncinata. Wir kürzen im folgenden stets ab und schreiben statt Form (forma) nur f. oder lassen auch dieses weg.

da die Apophysen (Schuppenschilder) an der Lichtseite hackenförmig emporgekrümmt sind.

2. f. Pumilio: Der Zapfen ist symmetrisch und der Nabel befindet sich im unteren Drittel der Apophyse.

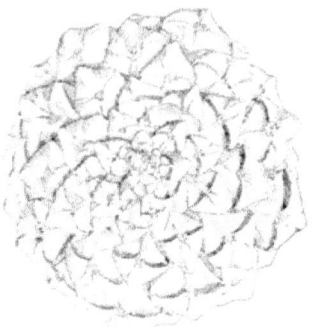 

Fig. 4. Pinus montana Mill. Zapfenform „Mughus". Der Zapfen ist symmetrisch. Der Nabel ist in der Mitte der Apophyse. Natürl. Grösse.

Fig. 5. Pinus montana Mill. Zapfenform „uncinata". Der Zapfen ist unsymmetrisch. Die Apophysen sind nach der Lichtseite aufgekrümmt. Nat. Grösse.

3. f. Mughus: Der Zapfen ist gleichfalls symmetrisch, der Nabel befindet sich aber in der Mitte der Apophyse.

Die Hackenkiefer kommt besonders oft in Baumform und ganzen Beständen vor in Höhen von ca. 300—2500 m, die f. Pumilio zwischen 650 und 2700 m und die Mughus-Form zwischen 930 und 2000 m.

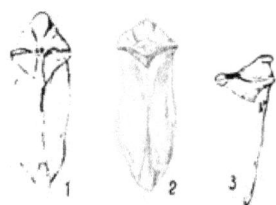

Fig. 6. Pinus montana Mill. Einzelne Zapfenschuppen. 1. Form Mughus. 2. Form Pumilio. 3. Form uncinata. Alles natürl. Grösse.

Die Bergkiefer wächst auf sehr verschiedenen Bodenarten und wird forstlich zur Bindung und Sicherung steiler Gehänge in der Latschenform, zur Festigung der Dünen besonders in der Baumform verwendet und als Waldbaum auf Mooren genutzt. Gärtnerisch ist sie auf allen Felsen- und Alpengruppen unentbehrlich, aber auch an den Rändern kleiner Gehölzgruppen wertvoll, da sie mit ihrer dichten, langjährigen Benadelung einen guten Schluss giebt.

Als Baum ist sie wegen des langsamen und gleichmässigen Wuchses besonders da geeignet, wo es zu vermeiden ist, dass die Bäume allzuhoch werden, und besonders in moorigen und frostigen Lagen und an flachgründigen, steinigen Hängen, wo sie ohne Pfahlwurzelbildung mit flachstreichender Bewurzelung sich befestigt. Ihre Feinde sind gering. Ihr **Holz ist** öfters **von** dem Pilze Trametes **radiciperda**, ihre benadelten **Aeste** von dem schwarzen **Schlauchpilze** Herpotrichia befallen.

Die Bergkiefer **blüht im** Juni oder **Juli mit** gelben **oder** rötlichen männlichen **Blüten an der** Basis der Triebe. Häufig sind ganze Pflanzen **rein** männlich und haben nur **rote** oder nur gelbe Blüten. Wo die männlichen Blüten, die sich in den Achseln kleiner Schüppchen entwickeln, nach dem Verblühen abfallen, bleibt eine Lücke **in der** Benadelung, welche 5—6 (ja bis 10) Jahre **lang** zwischen **den so lange** lebenden Nadeln zu sehen ist. Die **Mannbarkeit** tritt schon mit dem **6.—10. Jahre ein.** Fast alljährlich blüht die Bergkiefer, so dass man oft 5—8 Lücken in der Benadelung oder 3—4 Zapfenquirle am selben Zweige **finden kann.** Die weiblichen, sehr kurz gestielten, aufrecht stehenden, **violetten** Blüten, zu 2—4 im Quirle, neigen sich erst nach der Befruchtung **im zweiten** Frühjahr, bis sie eine zum **Zweige rechtwinklige** Stellung haben, sitzen also **dicht am Aste. Sie** reifen Ende **des 2.** Jahres **als dunkelbraune,** kugelige oder eiförmige Zapfen **verschiedener Gestalt. Der Nabel ist** deutlich erhaben, oft etwas zugespitzt und **mit** schwarzem **Ringe umgeben.**

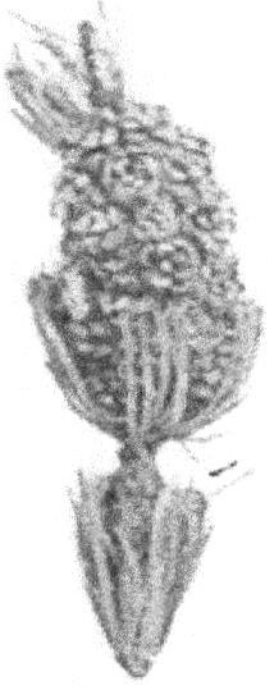

Fig. 7. Pinus montana Mill. Sogenannte Zapfensucht. Es haben sich statt 2—3 hier 22 Zäpfchen gebildet, von denen jedes nur 7 mm lang ist.

Die Samen, **im ganzen wie jene** von Pinus silvestris, sind nur etwas **kleiner**, rundlicher und glänzender; sie halten 2—3 Jahre ihre Keimdauer. Die Keimlinge haben 4—7 (oft nur 3—4) **ganzrandige** Keimblätter und beidkantig gesägte Primärblätter.

Die **Knospen der** Zweige sind walzig und an der Spitze eiförmig **und harzig**; sie stehen am Haupttrieb **zu** mehreren im **Quirl, während an den** Seitenzweigen sich meist keine Quirle bilden.

Die **Nadeln,** kurz, stumpf, derb, dunkel, leben 5—6 Jahre, und **im Gebirge** noch länger.

Die **Rinde ist** schwarzbraun glänzend und bis zu armsdicken Stämmen glatt. Die sich hiernach bildenden schwachen, dunklen Borkeschuppen **bleiben** auch im oberen Stammteil sitzen, weshalb **derselbe auch** dunkel (nicht rötlich wie bei P. silvestris) erscheint.

Das **Holz** hat dunkelbraunen Kern, hellgelben, breiten Splint. **Harzkanäle und sehr schmale** Jahresringe. Bei der Stammform wird es wie anderes Kiefernholz benützt. Es hat von den Latschen hohen Wert als Brennholz für die Almenbewohner. Aus den Nadeln werden Balsam, Krummholzöl, Waldwolle etc. gewonnen.

Die Wurzeln passen sich dem Standorte an und streichen besonders flach im Steingeröll.

Pinus Laricio Poir., Schwarzkiefer. Ein Waldbaum, der auf gutem Standort in 80- bis 100jährigem Alter in Waldbeständen von 20—25 m Höhe auftritt und 0,4—0,5 m Durchmesser erreichen kann. Er ist schlankschaftig, aber tiefer beastet wie die gemeine Kiefer und bildet im Alter und besonders auf mageren Standorten (z. B. Brühl bei Wien) eine sehr breit-schirmförmige Krone. Die Beastung ist regelmässig quirlig (wirtelförmig).

Die Schwarzkiefer kommt natürlich im südlichen Europa vom südlichen Spanien bis Kleinasien, vom Wiener Wald nach Süden bis Sicilien, in Deutschland jedoch nur kultiviert vor. Sie ist völlig frosthart, weniger lichtbedürftig und dichter benadelt wie die gemeine Kiefer und noch genügsamer bezüglich des Standortes. Besonders auf Kalkboden hält sie noch in steinigen Gebirgen aus und wird z. B. zur Aufforstung des trockenen Karstes verwendet, wo sie dann mehr flachstreichende Wurzeln entwickelt, während sie auf lockerem Sand ein tiefgehendes Wurzelsystem hat. Ihre üppige Benadelung bietet reichliche Streu. Auf besseren Standorten allein bildet sie jedoch einen wertvollen Nutzholzschaft. Ihre Ansprüche an wärmeren Standort wie P. silvestris bezüglich der horizontalen und vertikalen Verbreitung wie der Exposition sind zu beachten. Sie ist ihrer regelmässigen quirligen Beastung, der tiefen Krone und der sehr dichten, dunkeln, langjährigen Benadelung wegen als Einzelbaum sehr geeignet für Parkanlagen und wächst auf gutem Boden sehr schnell, litt aber in den letzten Jahren in Deutschland vielfach an einer Krankheit der jungen Triebe. Dagegen ist sie relativ unempfindlich gegen die Einwirkung des Kohlenrauches.

Sie blüht Ende Mai, Anfang Juni, etwa 14 Tage später wie P. silvestris, und reift im Oktober des zweiten Jahres. Die männlichen Blüten sind gelb und stehen dicht gedrängt an der Basis der Maitriebe.

Die Samen, entflügelt ca. 6 mm lang, beiderseits matt und einfarbig, sind teils gelblich, teils dunkelbraun; sie halten die Keimdauer 2—3 Jahre. In derselben Zeit etwa wiederholen sich die Samenjahre. Die stiellosen, scherbengelben, 4—8 cm langen Zapfen sind durch den halbkugeligen, fleischroten Nabel in Mitte der Apophyse ausgezeichnet. Sie öffnen sich erst im Frühjahr nach der Reife und fallen bis Herbst ab.

Die Keimlinge haben 6—8 (5—10) dreikantige, ganzrandige Keimblätter (Cotyledonen), beidkantig gesägte Primärblätter und ein blaugrün bis rötliches, hypocotyles (unterhalb der Cotyledonen) Stämmchen.

Die Nadeln sind bei jungen, kräftigen Pflanzen und bei der Form austriaca sehr derb und lang und leben $3^1/_2$ Jahre.

Die Knospen haben trockene, silbergraue, am Rande feingefaserte Schuppen; die oberen Schuppen sind anliegend und bilden ein kegelförmiges Knospenende, die unteren sind abstehend.

Die Borkeschuppen bleiben auch in den oberen Stammteilen sitzen und erscheinen diese daher dunkel.

Das Holz hat breiten, gelblichen Splint, braunroten Kern und zahlreiche Harzkanäle, es wird vielfach und ohne grossen Schaden für den Baum auf Harz genutzt, welches am reichsten an Terpentingehalt unter unseren Coniferen ist; es hat hohen Brennwert und bedeutenden Wert als Nutzholz, da es an Dauerhaftigkeit und Festigkeit dem Lärchenholze nahe kommt.

Man unterscheidet als besondere Formen der P. Laricio:

Pinus Laricio austriaca Endl. (syn. nigricans Host und maritima Koch), die österreichische Schwarzföhre. Dieselbe ist verbreitet in Oesterreich-Ungarn, Dalmatien, Bosnien, Herzegowina, und geht am weitesten nach Norden. Sie hat sehr derbe, lange Nadeln mit gelblicher Spitze. Sie ist vielfach in Deutschland kultiviert, doch wird ihr hier neuerdings die Form Poiretiana Endl. vorgezogen. Sie kommt auch in buntblätterigen Formen vor.

Pinus Laricio Poiretiana Endl. (syn. calabrica Delam., corsicana Hort., italica Host) ist ebenfalls derb- und langnadelig; bei jungen Pflanzen sind die Nadeln meist etwas gedreht. Sie ist in Spanien, Süditalien, Griechenland zu Hause und ist in besonders mächtigen Stämmen auf Corsica zu finden. Sie steht der vorigen sehr nahe. Die preussischen Anbauversuche haben nur in Schleswig-Holstein befriedigt.

Pinus Laricio Pallasiana Endl. et Ant. (syn. taurica Hort.) hat auch sehr steife, dunkle Nadeln, aber gelbliche Rinde junger Zweige, während die Rinde derselben bei austriaca graubräunlich, bei Poiretiana hellbraun ist. Sie findet sich in der Krim und in Kleinasien.

Pinus Laricio monspeliensis Salzm. (syn. pyrenaica Lap.) von den Gebirgen des südlichen Frankreich, Spanien und aus den Pyrenäen, mit dünnen, weicheren Nadeln und rötlichgelber Rinde junger Zweige.

Von denselben kommen buntblätterige (variegata), Hänge- (pendula), Zwerg- (pygmaea, monstrosa und Bujoti) Formen vor.

Pinus leucodermis Ant., Weissrindige Kiefer. Sie ist am meisten der Schwarzkiefer ähnlich, mit der sie auch gemeinsam vorkommt, unterscheidet sich aber von ihr auffallend durch weissliche Rinde und die weissgraue, innen rötlichbraune Borke.

Sie tritt einzelständig, horstweise rein oder in Mischung mit der Schwarzföhre, Buche und Tanne im südlichen Bosnien, der Herzegowina und in Montenegro als wichtiger Waldteil der Hochlagen in den Kalkgebirgen auf. In den Voralpen geht sie 1000 bis 1700 m, in der Herzegowina 1650—1750 m, in Südbosnien 1900—2230 m empor. Auch in Serbien und Griechenland ist sie gefunden.

Sie ist noch genügsamer wie P. Laricio und erreicht Höhen von 30 m und ein mehrhundertjähriges Alter. Ihre **Nadeln** sind kürzer wie die der Schwarzföhre, ihre **Zapfen** völlig lederbraun, die **Samen** sind gleichmässiger graubraun und viele sind gesprenkelt. Ihr **Holz** hat grossen, gelblichen Splint, schön rotbraunen Kern und zahlreiche Harzkanäle. Sie wird sich besonders zur Wiederaufforstung steiniger und trockener Gebirge in südlicheren Gegenden eignen.

Pinus Pinaster Sol. (syn. P. maritima Poir.), Strandkiefer, Sternkiefer, Igelföhre, Bordeauxkiefer. Dieser schnellwüchsige, 20—30 m Höhe erreichende Waldbaum der europäischen und nordafrikanischen Mittelmeerländer hat grosse Bedeutung beim Anbau der Dünen und Sandflächen (besonders in den südfranzösischen Küstenstrichen „Landes") sowohl, wie zur Aufforstung sandiger oder steiniger, entwaldeter Strecken, sobald dieselben noch Grundfeuchtigkeit haben und in warmen Gegenden liegen. In Deutschland sind alle forstlichen Anbauversuche mit dieser Holzart missraten und aufgegeben worden. Im allgemeinen an der Küste wachsend geht sie in Corsika bis 1000 m im Gebirge empor. In Frankreich wird sie hauptsächlich auf Harz genutzt, in Tirol, Miramare bei Triest etc. als Zierbaum kultiviert. Sie ist ausgezeichnet durch sehr kräftige **Triebe**, lange, starke, hellgrüne, steife **Nadeln** von $3^{1}/_{2}$jähriger Lebensdauer, sehr ausgedehnte männliche gelbe Blütenstände, 3—4 weibliche quirlständige, violette **Blüten**, die sich zu fast sitzenden, sternförmig vom Quirl abstehenden kegelförmigen, 10—19 cm langen gelbbraun glänzenden **Zapfen** entwickeln, deren Apophysen mit starker Querleiste und kegelig erhabenem Nabel an der Lichtseite hoch aufgekrümmt sind.

Die **Samen** sind 9—10 mm lang, oben glänzend schwarz, unten matt grau mit schwarzen Punkten; sie entfallen den Zapfen im Frühling des dritten Jahres und lösen sich darnach vom grossen

Flügel, der sie zangenförmig umfasste, ab. Sie keimen 3—4 Wochen nach der Frühlingssaat mit 7—9 ca. 28 mm langen ganzrandigen Cotyledonen und beidkantig gesägten Primärblättern.

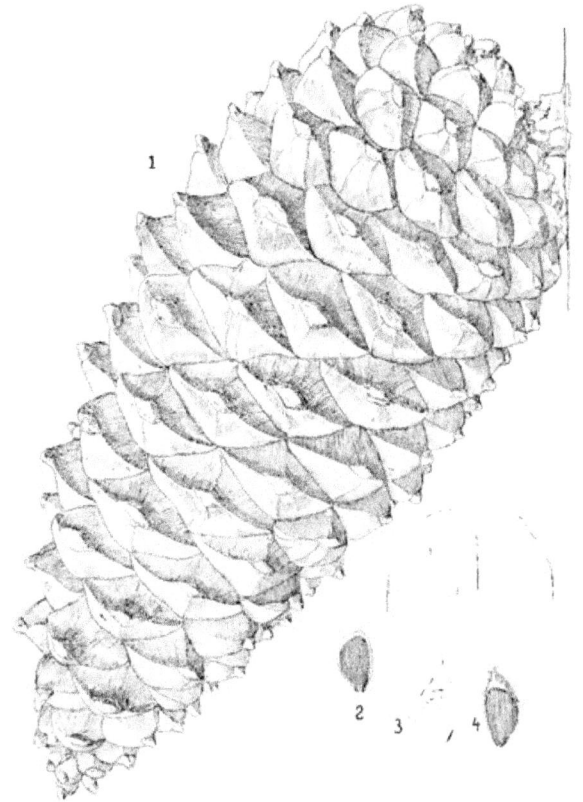

Fig. 8. Pinus Pinaster Sol.
1. Reiter geschlossener Zapfen. 2. Entflügelter Same von oben, ganz schwarz mit grauem Rande. 3. Entkornter Flügel von unten. 4. Geflügelter Same von oben.
Alles natürl. Grösse.

Die jungen Triebe sind bis zum 2.—3. Jahre blau bereift. Die Rinde, lange Zeit glatt, bildet später eine dunkle graubraune, innen rotviolette Borke.

Die Knospen sind harzlos mit rotbraunen Schuppen, deren Spitzen zurückgerollt, deren Ränder weisswollig ausgefranst sind.

Als abweichende Formen werden Hamiltoni Parl., Lemoniana Endl. und minor Loisel. unterschieden, die für Deutschland gleichfalls nicht in Betracht kommen, wohl aber in Orten mit dem Klima von Bozen, Meran, Genf ebenso wie die Normalform kultiviert werden können.

Pinus halepensis Mill., Aleppokiefer. Dieser hübsche, raschwüchsige Waldbaum von 12—16 m Höhe ist an den Küsten rings um das Mittelmeer und auf den angrenzenden Bergen bis gegen 1000 m Höhe zu finden und hat an den holzarmen und baumarmen Küsten einen hohen Wert. Er hält auf den trockenen, heissen Böden und Kalkbergen noch aus, erreicht aber natürlich auf besseren Standorten bei genügender Wärme (Oelbaum-Klima) viel stärkere Dimensionen. Sein nördlichster Standort ist Genua und die Ufer am Schwarzen Meere. Er ist kultiviert bei Fiume und Triest und in Beständen im südlichen Dalmatien. Er gedeiht noch in Bozen, kommt aber für Deutschland nicht in Betracht. Er wird durch Saat verjüngt oder in Ballen (nicht nacktwurzelig) verpflanzt. Die weiblichen Blüten, meist zu zweien im Quirl, sind lang gestielt, sie bilden im zweiten Jahre grüne, kegelförmige Zapfen, die meist erst im dritten Jahre reifen. Sie sind dann 7—10 cm lang und haben breite bräunliche flache Apophysen mit kaum erhabenem, deutlichem, schwach gekieltem grauem oder bräunlichem Nabel. Die Zapfen entlassen Ende des dritten oder anfangs des vierten Jahres die langgeflügelten Samen von 5—7 mm Länge, die auf der Oberseite glänzend braun, unterseits rauchgrau und beiderseits marmoriert sind. Die Keimlinge haben 7—9 graugrüne glatte Cotyledonen von 20 bis 30 mm Länge und beidkantig gesägte Primärblätter. Die Nadeln sind hellgrün, so fein wie jene der fünfnadeligen Weymouthkiefer, und leben nur 2 Jahre. Die dünnen elastischen aufstrebenden Triebe haben eine anfangs grüne, dann bräunlich-graue Rinde und

Fig. 9. Pinus halepensis Mill.
An der Riviera Levante bei Sestri.

an ihrer Basis eine Strecke weit nur Schuppen ohne Kurztriebe. Sie enden mit kegelförmigen, trockenen, ca. 20 mm langen End- und 2—3 Quirlknospen, die durch rötlich-braune, am Rande hellfaserig zerschlitzte Schuppen bedeckt sind. Es stehen aber auch einzelne Knospen in der Achsel von Schuppen in der Triebmitte. Das harzreiche, als Brennmaterial, zu Schiffbau, in Gruben etc. verwendete Holz hat einen breiten gelben Splint und rotbraunen Kern. Es eignet sich zur Harznutzung.

Die rote Tafelborke ausserhalb der lebenden Rinde wird am stehenden Stamme als Gerbmaterial wegen des 13—15proz. Tanningehaltes genutzt und auch zum Färben verwendet.

Sie kommt in einigen unwichtigen Formen vor und soll mit Pinaster bastardieren können.

Fig. 10. Pinus halepensis Mill. Zweige mit reifen Zapfen aus Abbazia, Oktober. Links ist der Zapfen noch geschlossen, rechts öffnet er sich gerade, darüber ist ein junges einjähriges Zapfchen zu sehen. Grösse dieser Zapfen 6½ cm Länge.

Pinus pyrenaica Lapeyr. syn. P. brutia Ten. und P. Paroliniana Webb. Dieser der P. halepensis sehr ähnliche Waldbaum kommt ebenfalls in den Bergen um das Mittelmeer vor und ist zur Aufforstung des Karstes auch in Istrien kultiviert, da er auf trockenen, dürren, windigen Orten noch aushält. Er geht in Beständen in den Bergen Kleinasiens noch bis 1500 m empor und erreicht etwa 15 m Höhe. Für Deutschland kommt er nicht in Betracht. Die dünnen, dunkler grünen Nadeln sind noch länger (10—17 cm) wie die von

Fig. 11. Pinus halepensis Mill. 2 völlig reife, langgestielte, hängende, aufgesprungene quirlständige Zapfen. Zapfen ohne Stiel 9 cm lang

P. halepensis, die reifen ca. 9 cm langen Zapfen sind ungestielt und sitzen abstehend zu 2—6 im Quirl, sie sind noch mehr kegelig und mehr rotbraun, ebenfalls mit flachen Apophysen. Sie erinnern sonst mehr an die festen Zapfen der P. Pinaster wie an jene der Aleppokiefer.

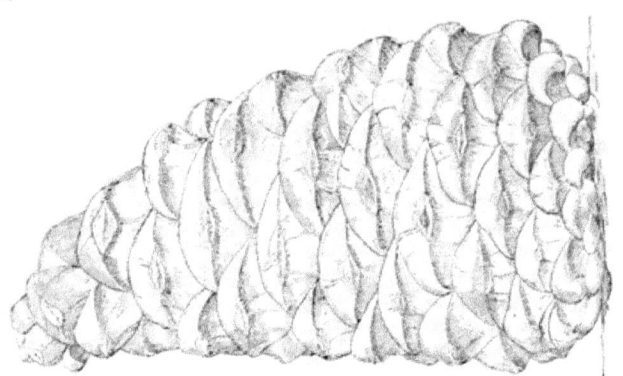

Fig. 12. Pinus pyrenaica Lapeyr. Natürl. Grösse.

Pinus Pinea L., Pinie, Schirmföhre, Nusskiefer. Dieser durch seine weitausgelegte schirmförmige Krone in Südeuropa auffallende und noch bei Bozen durch einzelne kultivierte alte Stämme vertretene Waldbaum kommt fast in der ganzen Mittelmeer-Region vor, bildet den berühmten Kulturwald Ravennas und natürliche Bestände in Spanien (in Granada bis 1000 m Höhe, wo P. Pinaster 1300 m emporsteigt) und Portugal, wird mit Pinus Pinaster zur Kultur der südfranzösischen Sandküsten benutzt und vielfach mit Pinus halepensis an trockenen heissen Standorten angebaut.

Er wird hauptsächlich der geniessbaren und bei Backwerk verwendeten Samen und weniger des leichten und harzarmen Holzes wegen angebaut. Bedeutung hat er aber zur Schutzkultur an den Dünen und verkarsteten Küstenstrichen. Durch die starke Pfahlwurzel ist er vor Windwurf geschützt. In der Jugend erscheint die Pinie als ein schlanker Busch, später als dichter Schirm mit aufstrebenden, die Krone stützenden Aesten. Sie macht grosse Ansprüche an Licht und Wärme und kommt für Deutschland nicht in Betracht. Bei der Kultur ist auf die lange Pfahlwurzel zu achten und darauf, dass die Pflänzchen sehr empfindlich beim Verpflanzen sind.

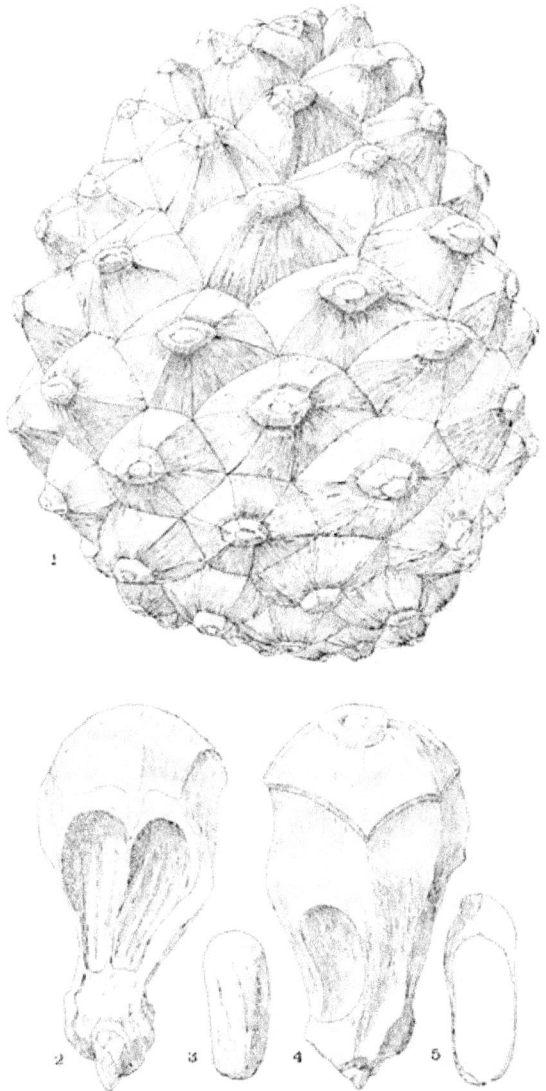

Fig. 13. Pinus Pinea L.
1. Reifer geschlossener Zapfen. 2. Zapfenschuppe von innen. 3. Reifer Same. 4. Zapfenschuppe von aussen. 5. Flügel des Samens. Alles natürl. Grösse.

Schon bei 10—12 Jahren im freien Stande mannbar, fruchtet sie meist etwa im 20. Jahre. Sie blüht April, Mai mit gelben männlichen Blüten an der Basis der Maitriebe und mit 1—2 aufrechten gestielten, gelblich-grünen weiblichen Blüten im Quirl am Ende der Triebe. Bis zum Ende des ersten Jahres ist das etwa nussgrosse kugelige Zäpfchen braun, im zweiten wird es eigross, grün mit grauen Nabeln der Apophysen, im dritten erreicht es die Grösse eines Ganseies (10—16 cm Länge) und ist glänzend braun mit stumpfem grauem Nabel. Die im nächsten Frühling aufspringenden und die untersten Schuppen abstossenden Zapfen entlassen die grossen Nüsschen und bleiben dann noch einige Jahre am Baume sitzen.

Die bohnengrossen, ca. 20 mm langen, sehr dickschaligen Samen sind zimmtbraun und mit abwischbarem violetten Hauche überzogen. Die voll entwickelten haben nur einen kurzen, schuppenförmigen, mit langer Zange den Samen umfassenden Flügel, der bei den unentwickelten Samen (aus dem oberen und unteren Zapfenteil) verhältnismässig viel grösser ist. Man weicht sie vor der Saat ein, bis sie aufspringen.

Die kräftigen Keimlinge tragen ca. 12 dreikantige, oberseits lang behaarte, blaugrüne Cotyledonen von etwa 60 mm Länge und zweikantig gesägte Primärblätter.

An den jungen, selbst fünfjährigen Pflanzen findet man viele Zweige nur mit Primärblättern. Die Kurztriebnadeln, ähnlich jenen der P. Pinaster, sind heller grün und oft etwas gedreht. Auch die Knospen sind jenen der Sternföhre ähnlich, aber etwas kleiner und heller.

Die Rinde bildet im unteren Stammteil eine in dünnen Schuppen sich ablösende Borke ähnlich der österreichischen Schwarzföhre, im oberen Teile eine flachschuppige, längsrissige, rötlichgraue Schuppenborke.

Alle bisher genannten zweinadeligen Kiefern sind in Europa heimisch. P. silvestris und montana in Deutschland, alle anderen in südlicher gelegenen Ländern; von ihnen kommen nur P. Laricio und vielleicht P. leucodermis zur Kultur in Deutschland in Betracht, und zwar P. Laricio speziell zur Aufzucht als Waldbaum auf trockneren Kalkbergen. Die übrigen südeuropäischen Föhren, die alle noch in Bozen und Meran ihr Gedeihen finden und grossenteils in Istrien kultiviert werden, sind für Deutschland wegen ihrer

Ansprüche an Wärme und Mangels genügender Vorzüge vor der einheimischen Kiefer nicht geeignet.

Die folgenden Kiefern sind entweder Amerikaner, die zuerst hier angeschlossen werden sollen, und endlich japanische Föhren; sie haben alle für unsere Parkanlagen keine so grossen Vorzüge vor der erprobten Pinus silvestris, montana und Laricio, dass wir sie durchaus anbauen müssten. Für forstliche Zwecke liegen bis jetzt nur Vorschläge zu Versuchen, jedoch noch keine genügenden Erfahrungen vor.

So wird Pinus contorta var. Murrayana Engelm. (syn. P. Murrayana Balf.) zu reinen Beständen auf Hochmooren, wo selbst Pinus montana kümmert, P. Banksiana Lamb. für die ärmsten trockenen Sandböden, P. pungens Michx. für die geringwertigsten kiesig-steinigen, trockenen, heissen Hügelköpfe und Hänge Deutschlands empfohlen.

Endlich ist zu erwähnen, dass unter dem Namen der P. inops Sol. in Jütland zur Dünenkultur nur die aufrechte Form der Pinus montana kultiviert ist. P. inops aber ist eine geringwertige Kiefer, die an der atlantischen Küste auf den ärmsten Böden bis New-York und den nördlichen Ufern des Ohio vorkommt.

Pinus contorta Dougl. von der sandigen, feuchten Westküste Nordamerikas wird auch in ihrer Heimat nur etwa 5—8 m hoch und ist durch die stark gedrehten Nadeln, die sehr zahlreichen, ganz schiefen, schwarz genabelten Zapfen und die vorwärts gestellten hinfälligen kurzen Nabeldornen ausgezeichnet. Sie bildet in ihrer Heimat, wie Pinus insignis, einen wichtigen Küstenschutz. Stärkere Stämme fand ich in Kleinflottbeck bei Hamburg.

Pinus contorta var. Murrayana Engelm. mit breiteren Nadeln und einem Höhenwuchs von 25—40 m hat ihren Stand in den westamerikanischen Bergen von 2500—3000 m auf feuchten, sandigen oder moorigen, kühlen Orten. Sie ist besonders widerstandsfähig gegen Schneedruck.

P. Banksiana Lamb. aus dem kälteren, östlichen Nordamerika, wird auf mageren, trockenen, sandigen Standorten ein kleiner Baum von 10—15, auf besseren Orten bis 20 m hoch und ist durch fichtenartigen Wuchs charakterisiert. Ihr Holz ist geringwertig. Ihre jungen Triebe sind nicht bereift. Die preussischen Anbauversuche ergaben ihre grosse Schnellwüchsigkeit auf den geringsten Böden und ihre Unempfindlichkeit gegen Frost und Trocknis, so dass sie auf Flugsandkulturen noch die P. rigida übertrifft und an solchen Orten anstatt Pinus silvestris zum ersten Anbau kommen soll.

Pinus pungens Michaux von östlich nordamerikanischen Bergkuppen, auf kiesigen, nicht sandigen, trockenen, heissen Orten. Ihre Zapfen werden sehr gross (bis 8 cm) und sind offen fast kugelig. Sie sind durch lange, derbe, dicke, dornartige Nabel ausgezeichnet.

Pinus resinosa Sol., aus dem östlichen Nordamerika, besonders in Canada ein Waldbaum ca. 30 m hoch, mit hochwertigem Holze, ist zwar hart, aber ohne besondere Vorzüge vor unseren Kiefern, da sie die gleichen Bodenansprüche macht.

Pinus mitis Mich. ähnelt der dreinadeligen P. rigida, unterscheidet sich aber durch den weisslichen Reif ihrer Triebe von ihr. Auf besseren Standorten im Laubwalde 30 m Höhe erreichend, kommt sie meist auf sandigeren Böden in lichten Beständen mit P. rigida und auch P. inops vor, welche gleich ihr weisslich bereifte Triebe hat. Beide sind im östlichen Nordamerika weit verbreitet. Die P. mitis giebt Stämme mit brauchbarem Nutzholze und bildet den grössten Teil der Wälder des Hochlandes von Arcansas, geht nördlich bis Mitte des Staates Missouri und westlich bis zur texanischen Prairie.

Die japanische Rotkiefer **Pinus densiflora** Sieb. et Zucc., welche unserer gemeinen Föhre ähnelt, und die japanische Schwarzkiefer **Pinus Thunbergii** Parl., die der österreichischen Schwarzföhre ähnlich ist, haben weder aus forstlichen noch aus dekorativen Gründen grossen Anspruch auf Anzucht und Pflege in deutschen Gärten und Wäldern, während sie in Japan wichtige Nutzbäume des Waldes, Strassenbäume und Parkbäume sind. Sie sind die zwei einzigen zweinadeligen Kiefern Japans.

b. Dreinadelige Kiefern (Subsektion Taeda).

Zapfen mit verdickten Samenschuppen, Apophyse mit starkem Querkiel. Nabel in der Apophysen-Mitte und meist dornartig ausgewachsen. Nadeln zu dreien im Kurztrieb. Keine europäischen, sondern meist nordamerikanische und ostindische Arten, im ganzen etwa 16 Spezies.

Von ihnen hat sich keine Art beim forstlichen Anbau so bewährt, dass sie künftighin noch weiter im grossen angezogen werden sollte. Versuche wurden mit P. rigida, ponderosa und Jeffreyi ausgeführt.

Dagegen gehört P. ponderosa zu den dekorativen Parkbäumen ebenso wie Jeffreyi, die beide in den nicht zu rauhen Gegenden Deutschlands aushalten, während P. Sabiniana und Coulteri in grossen Exemplaren die Parks bei Genf schmücken, aber mehr im Mittelmeerklima wie bei uns hart sind, daher wohl noch in England, aber im allgemeinen nicht in Deutschland kultiviert werden. P. Taeda hat keine anbauwürdigen Eigenschaften, P. rigida ist wertvoll zur schnellen Aufforstung rajolter Ortsteinstellen und beim Dünenanbau, sie ist in grossem Massstabe bereits angebaut.

Pinus rigida Mill., im östlichen Nordamerika zwischen dem 44. und 38.° n. Br. von Neu-England bis Virginien im Binnenlande auf sandigem und moorigem Boden und in den Alleghanies in Beständen vorkommend, erreicht dort Höhen bis zu 25 m, während sie auf schlechteren Standorten bedeutend niedriger bleibt.

In Deutschland im grossen kultiviert, hat sie sich auf dürrem Sand- und besonders Ortsteinboden, wie ich mich schon 1886 bei Nienburg überzeugte, gut bewährt. Dortselbst ist sie auch noch 1891 den gemeinen Kiefern und Fichten vorwüchsig geblieben.

Sie ist auf trockenem Standorte hart, auf guten Böden aber zu wüchsig, fällt daher in der Jugend leicht um und verholzt nicht fertig, so dass sie dort vom Frost gefährdet ist. Auf eigentlichem Moorboden ist sie nicht gediehen. Sie ist schon seit 1750 in Europa eingeführt. Sie wächst im Einzelstande meist nicht gerade.

Die männlichen Blüten sind gelb, an der Basis der jungen Triebe. Die gestielten weiblichen Blüten entwickeln sich aber nicht aus Quirlknospen, wie bei anderen Kiefern, sondern aus Knospen, die in der Mitte des Zweiges zwischen zwei Quirlen sitzen. Daselbst bilden sich auch andere Knospen, die zu Zweigen auswachsen können.

Die Zapfen, welche zu 2—4 gehäuft beisammen sitzen und fast rechtwinklig vom Zweige abstehen, sind ca. 6 cm lang, gelbbraun, eiförmig mit scharfdornigem Nabel und deutlichem Querkiel der Apophyse. Der Nabeldorn fällt im Herbste meist ab. Die Zapfen sitzen einige Jahre am Zweig.

Die Samen sind schwarz, mit anfangs roten Körnchen bedeckt, scharf dreieckig, lang geflügelt, ohne Flügel ca. 5 mm lang.

Der Keimling hat 5—6 ca. 15—20 mm lange ganzrandige Cotyledonen und beidkantig gesägte, blaugrüne Primärblätter.

Die Jährlinge werden schon spannenlang.

Die hellgrünen langen Nadeln sind meist gedreht.

Die jungen Triebe, anfangs rotbraun, sind später gelbbraun.
Die spitzen braunen Knospen sind mit Harz überzogen.
Das Holz ist geringwertig, es kann auf Harz genutzt werden.
Der Splint bleibt sehr breit gegenüber dem dunkleren Kern. Das
Pitch-pine-Holz, welches von Amerika nach Deutschland importiert
wird, stammt nicht von ihr, sondern hauptsächlich von der südlichen, bei uns nicht anbaufähigen Pinus palustris Mill. (australis

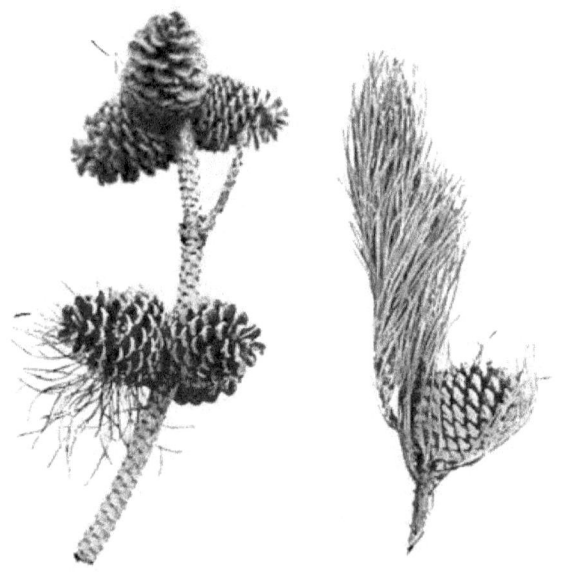

Fig. 14. Pinus rigida Mill.
Zapfentragende Zweige. Die quirlförmig beisammen sitzenden Zapfen sind nicht im Zweigquirl sondern am Zweige zwischen 2 Astquirlen. Natürl. Zapfengrösse 6 cm.

Mchx.). Diese wichtige Kiefer mit hochwertigem, harzreichem
Nutzholze im Südosten der Vereinigten Staaten, zwischen Mississippi
und der atlantischen Küste bis zum 36.°, bildet riesige reine
Waldungen. Mit ihr kommen noch vor P. inops und mitis, die
am weitesten nach Norden gehen, P. glabra, P. serotina, P. cubensis
und P. Taeda. Auf den Stock gesetzt geben auch stärkere Stämme
der P. rigida Stockausschläge ähnlich dem Laubholz.

Pinus ponderosa Dougl. bildet im nordwestlichen Nordamerika
von der Küste bis ins Felsengebirge und von der Insel Vancouver

herab bis Süd-Californien Bestände, erreicht in der Sierra Nevada, ihrem besten Standorte, Höhen bis zu 90 m und 4 m Durchmesser und wird mehrere hundert Jahre alt. Sie tritt vielfach mit der Douglastanne auf, im nördlichen Felsengebiete auch mit Pinus Murrayana, monticola und edulis, in der südöstlichen Sierra Nevada mit Abies concolor und Libocedrus decurrens. Sie bildet riesige Knospen und sehr dicke, kräftige Haupttriebe. Der üppige Wuchs und die tiefe Beastung im Freistand empfehlen sie sehr zu Parkanlagen, wovon ich mich auf Wilhelmshöhe bei Kassel überzeugte. In Buchenverjüngungen ist sie in Bayern gut gediehen, auf trockenem Sand bleibt sie gering, gegen Frost ist sie empfindlich.

Die männlichen Blüten an der Basis der jungen Triebe sind gelb, die gestielten weiblichen stehen zu mehreren im Quirle.

Die kurzgestielten Zapfen stehen ab oder hängen schwach, sie sind etwa 10 cm lang und geöffnet etwa 5 cm breit. Sie sind braun, auf den gekielten Apophysen sitzen die dornspitzigen Nabel. Die Dornen sind auch am aufgesprungenen Zapfen abstehend stechend. Die Samen sind 8—9 mm lang, beiderseits gleichfarbig, braun, deutlich marmoriert, vom ablösbaren Flügel zangenförmig umfasst. Die Keimlinge haben 5—9, 40—42 mm lange glatte, unten bläulich-grüne Cotyledonen und beidkantig gesägte Primärblätter.

Die Nadeln sind sehr derb und lang (20—25 cm), dunkelgrün; die Rinde junger Triebe ist braun, unbereift.

Das sehr harzreiche Holz hat sehr breiten Splint und braunen Kern und den Wert unseres Kiefernholzes.

Neuerdings wird die kleinsamigere var. scopulorum Engelm. mehr zu forstlichem Anbau empfohlen. Sie entstammt dem Felsengebirge, wo sie bis 30 m Höhe erreicht, ein wertvolles Nutzholz liefert und besonders zu Bahnschwellen Verwendung findet. Sie kommt dort in Lagen vor, die 34° C. Kälte erreichen und wächst noch auf trockneren Standorten.

Pinus Jeffreyi Murr. aus Californien, wo sie an den Bergen bis 1700 m emporsteigend, mehr Ansprüche an Bodenfrische und Luftfeuchtigkeit wie die auf höheren und trockeneren Standorten wachsende P. ponderosa macht und besonders zwischen 2000 und 2500 m an den östlichen Hängen der Sierra Nevada Höhen von 40—60 m und 1—2 m Stammdurchmesser erreicht. In der südöstlichen Sierra Nevada geht sie höher wie Pin. ponderosa, Libocedrus decurrens, Sequoia gigantea, tritt mit Abies concolor und magnifica auf, bleibt gegen P. Murrayana, monticola und Balfouriana zurück. Auch bei den Anbauversuchen im deutschen Walde zeigte sie grössere Ansprüche an Bodenfeuchtigkeit und Güte, war aber weniger frostempfindlich wie jene. Sie gedeiht gut auf frischen lehmigen oder humosen Sandböden. Sie ist ebenfalls eine sehr dekorative Kiefer, im jugendlichen Wuchse ähnlich der P. ponderosa, aber nicht so robust wie diese. Sie eignet sich für Parkanlagen in nicht zu rauhen Gegenden, während sie als Forstbaum nicht genügende Vorzüge zu grösserem Anbau hat. Sie ist besonders durch den blauweissen Reif der jungen Triebe ausgezeichnet. Ihre Zapfen, die kurz gestielt zu 2—6 im Quirl abstehend sitzen, sind viel grösser wie die von ponderosa, nämlich

Fig. 15. Pinus Jeffreyi Murr.
Zapfenquirl mit 5 Zapfen aus Amerika. Natürl. Zapfenlänge 18 cm.

12—18 cm lang, mit so stark rückwärts gekrümmten Nabeldornen, dass sie beim geöffneten Zapfen nicht mehr stechend abstehen.

Ihre Nadeln, dünner wie die der ponderosa, sind doch bis etwa 20 cm lang.

Ihre langgeflügelten, vom Flügel zangenförmig umfassten Samen sind bis 13 mm lang, oben hell oder dunkel einfarbig, glänzend, unten dunkelbraun matt und marmoriert.

Ihr Keimling hat 10 etwa 50 mm lange dreikantige, glatte Cotyledonen und beidkantig gesägte Primärblätter.

Das Holz, durch breiten gelblichen Splint, rötlichen Kern und grosse Harzgänge ausgezeichnet, ist nicht wertvoller wie das von Pinus silvestris.

Alle übrigen dreinadeligen Kiefern sind entweder für Deutschlands Klima zu empfindlich oder erst in kleinen Exemplaren vorhanden, so dass sie noch keine Beweise ihrer Anbaufähigkeit geben konnten.

In milderem Klima, wie es in Südtirol, am Quarnero, an den italienischen Seen, in Genf herrscht, sind noch mehrere Arten anzubauen und zum Teil auch schon als stattliche Bäume vertreten. So:

Pinus Sabiniana Dougl. aus dem westlichen Nordamerika, auf heissen Standorten, besonders in Californien, bis etwa 1200 m an den Berghängen emporsteigend, steht bei Genf in grossen zapfentragenden Exemplaren, ebenso in den Gärten Südtirols und in der Krim. Ihre etwa 30 cm langen graugrünen Nadeln und die riesigen, aufgesprungen fast kugeligen, langgestielten, 20—25 cm langen, (die in Genf gereiften Zapfen sind wesentlich kleiner), sehr dickschuppigen Zapfen mit grossen, hochaufgekrümmten dicken Nabeln sind sehr charakteristisch für diesen in seiner Heimat über 30 m Höhe erreichenden Waldbaum, der in der Jugend pyramidenförmig wächst, sich aber später, ohne langen einheitlichen Schaft zu bilden, in eine vielteilige lichte Krone auflöst. Die jungen Zweige sind mit violettem Wachse überzogen. Die grossen (20 bis 30 mm langen), von einem kurzen, ablösbaren, derberen Flügel zangenförmig umfassten Samen enthalten einen essbaren Kern von mandelähnlichem Geschmack wie jene der zweinadeligen Pinus Pinea, wie die der dreinadeligen P. Torreyana, Coulteri, Parryana, monophylla, edulis, osteosperma, Gerardiana, longifolia und die der fünfnadeligen P. Cembra, Koraiensis, Lambertiana.

Pinus Coulteri Don., von trocken-heissen Standorten der Berge im südlichen Californien, bis zu 1400 m Höhe, wo sie ca. 30—35 (selten über 40) m Höhe erreicht und einen einheitlichen Stamm und pyramidenförmigen Wuchs zeigt. Diese Holzart ist in Genf schon in zapfentragenden Stämmen zu finden, in Deutschland aber wohl nur auf die wärmsten Gegenden als Parkbaum beschränkt. Sie trägt scherbengelbe, an Stielen allein oder zu 2—3 im Quirle abwärtshängende, 25—30 cm lange, eikegelförmige schwere Zapfen. Die Apophyse ist zu einem dicken gekrümmten Haken, der leicht abgestossen wird, ausgewachsen. Die jungen Triebe sind gelblich ohne blauen Reif. Die blaugrünen Nadeln sind 20—30 cm lang. Die Samen mit sehr grossem, sie zangenförmig umfassendem Flügel, sind nur etwa 15 mm lang und geniessbar. (Abb. S. 34!)

P. monophylla Torr. et Frem. aus Californien ist botanisch interessant dadurch, dass ein Teil der sonst zwei- bis dreinadeligen Kurztriebe nur eine cylindrische Nadel trägt.

Während die vorgenannten Arten alle Nordamerikaner waren, sind die folgenden in Asien heimisch und sind empfindlichere Pflanzen.

Pinus longifolia Roxb. bildet im südlichen Himalaya, an den Bergen bis 2500 m emporsteigend, grosse Waldungen in Stämmen bis 30 m Höhe. Ihre weichen graugrünen Nadeln sind 20—25 cm lang und hängen in dichten Büscheln herab ähnlich jenen von Pinus excelsa, aber noch viel länger und üppiger. Die harzreichen Zweige haben einen aromatischen Geruch. Die im Quirl allein oder zu 3—5 beisammen sitzenden eikegelförmigen Zapfen sind etwa 12 cm lang mit breithakig aufgekrümmten Schuppen und geniessbaren Samen. Ein grosses Exemplar ist in Arco erwachsen im erzherzoglichen Garten.

Fig. 16. Pinus Coulteri Don.
Zapfentragender Zweig aus Amerika. Natürliche Zapfenlänge 25 cm.

P. Gerardiana Wall. aus den Hochgebirgen Emodis im nordwestlichen Himalaya, 2000—2800 m Seehöhe, im nördlichen Afghanistan, Klein-Tibet etc. In Indien werden die Zapfen gesammelt, geklengt (durch Hitze zum Aufspringen gebracht, so dass die Samen ausfallen) und die Samen gegessen.

P. Bungeana Zucc. aus dem nördlichen China ist noch nicht erprobt.

Nur die nächste Art ist afrikanischen Ursprunges:

Pinus canariensis Chr. Smith, auf Teneriffa und den grossen canarischen Inseln in grossen Beständen von der Küste bis auf die Berge ansteigend, mit langgestielten 10—15 cm langen, länglich kegelförmigen, gelbbraunen, harzübergossenen, mit hochgebuckelten Apophysen versehenen Zapfen ist in Genf in erwachsenen, reichlich fruchtenden Bäumen vertreten, aber für Deutschlands Klima nicht mehr geeignet.

c. Subsektion Pseudostrobus

mit 5 Nadeln in der Kurztriebscheide, der Zapfenform nach aber zur Sektion Pinaster gehörig. Nur etwa 10 nordamerikanische Arten, die alle keinen Anspruch auf Kultur in den deutschen Wäldern und Parkanlagen machen können. So z. B. P. Pseudostrobus Lindl., P. Hartwegii Lindl., P. Montezumae Lamb., P. aristata Engelm., P. occidentalis Sw.

2. Sektion Strobus.

Apophyse der Zapfenschuppen endständig (am Rande) genabelt ohne Dornbildung. Nadeln zu fünf im Kurztrieb.

a. Subsektion Eustrobus Weymouthskiefern.

Zapfen gestielt, hängend, langwalzig mit dünnen elastischen Zapfenschuppen und lang geflügelten Samen.

Pinus Strobus L., gemeine Weymouthskiefer, Strobe. Ein Waldbaum des östlichen Nordamerika, wo er in reinen und ausgedehnten Waldungen, in kleineren Horsten und vereinzelt in der sandigen frischen Ebene und an den Berghängen mit Laubbäumen und anderen Nadelhölzern vorkommt, und bei mehrhundertjährigem Alter 40—50 m Höhe erreicht. Er ist hauptsächlich in Canada, in Vermont und New-Hampshire zwischen dem 43. und 47.° n. Br., doch selbst bis zum 50.°, nur östlich vom Mississippi und der Prairie und südlich längs des Alleghanies-Gebirgszuges, am besten auf frischem Sand oder sandigem Lehmboden verbreitet. Er liefert in Amerika das meiste Holz zu Balken und Brettern und ist wegen der starken Dimensionen, des geringen Gewichtes des Holzes und dessen guter Verarbeitbarkeit hochgeschätzt.

In Deutschland ist die Weymouthskiefer schon fast 200 Jahre in Parkanlagen, und in deutschen Waldungen schon über 100 Jahre lang kultiviert und in alten Stämmen einzeln und in ganzen Horsten zu finden, so dass sogar schon natürliche Verjüngungen derselben durchgeführt sind. Sie wird in reinen Horsten und als Füllholz zwischen anderen Holzarten gezogen. Ihre vielfachen guten Eigenschaften haben ihre schnelle Ausbreitung veranlasst. Die Strobe ist durch ihren schönen, tiefbeasteten, schlanken aufstrebenden Stamm mit den elastischen Aesten, der regelmässigen Quirlbildung, den langen duftenden Nadeln und dem schnellen Wachstum als Einzel- und Gruppenbaum im Park unentbehrlich und auch noch in alten Stämmen ein schöner Schmuck. Ihre Anzucht geschieht durch Saat. Im Walde reinigt sie bei dichtem Stande ihren glattrindigen schlanken Stamm von den Aesten hoch hinauf, und ist eine sehr schnell in Höhe und Stärke wachsende Holzart, die besonders gegen Schneedruck viel besser geschützt ist wie Pinus silvestris mit ihren steifen sparrigen Aesten.

Sie ist schüttefrei, völlig hart, ziemlich Schatten und dichten Schluss ertragend und wirft reichliche Streu ab. Ihr Samenertrag ist an manchen Orten allein schon gleich dem Wert-Ertrag guter Wiesen. Das Holz verarbeitet sich sehr gut zu Möbeln und Kisten und hat trocken sehr gute Haltbarkeit.

Sie blüht alle 2—3 Jahre etwa von 25—30 Jahren an Ende Mai, Anfang Juni mit gelben männlichen Blüten an der Basis der jungen Triebe, und mit lang gestielten, sehr gestreckt cylindrischen bläulich bereiften weiblichen Blüten, die zu 2—5 im Quirl aufrecht stehen; die Deckschuppen erscheinen rötlich.

Nach der Bestäubung werden die jungen Zäpfchen bräunlich und bis zum Herbste etwa 20 mm lang. Im zweiten Jahre erst nach erfolgter Befruchtung neigen sich die schnell heranwachsenden und grün werdenden Zapfen mit völlig verwachsenen Schuppen und flachen Apophysen mit niederem randständigem Nabel abwärts und hängen, allmählich braun werdend und bis zur Reife im September geschlossen bleibend. Zur Reife etwa 12—15 cm lang, öffnen sie sich vollständig sparrig und entlassen in wenigen Tagen die lang geflügelten und mit dem Flügel verwachsenen Samen.

Es darf daher die Zeit zur Abnahme der Zapfen und zur Samengewinnung nicht versäumt werden.

Die Samen sind 5—7 mm lang, beiderseits dunkelbraun und marmoriert, oben glänzend, unten matt. Die künstlich entflügelten Samen sind noch von der dicken, mit der Schale fest verwachsenen Zange umgeben.

Die rein grünen (nicht blau bereiften) Keimlinge, 3—4 Wochen nach der Frühjahrssaat erscheinend, haben 8—11 ca. 25 mm lange dreikantige, an der Innenkante etwas behaarte Cotyledonen und beidkantig gesägte Primärblätter.

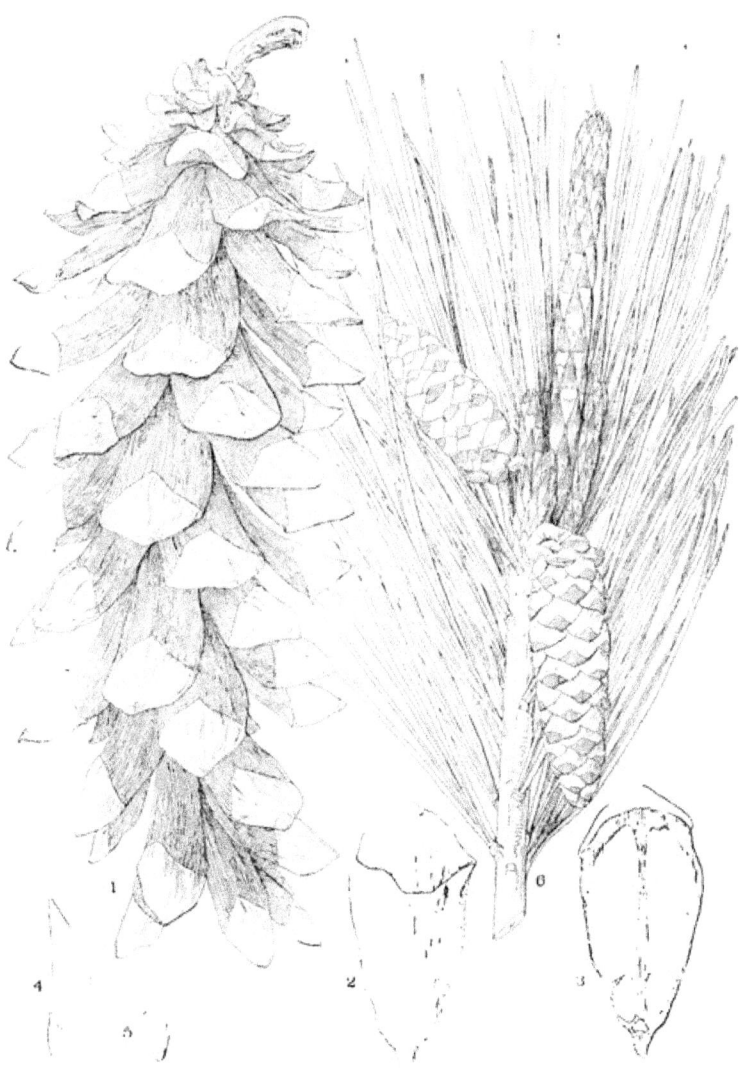

Fig. 17. Pinus Strobus L.

1. Reifer geöffneter Zapfen. 2. Zapfenschuppe von aussen. 3. Dieselbe von innen. 4. Geflügelter Same von oben. 5. Gewaltsam entflügelter Same von unten, den Rand des mit dem Samen oberseits verwachsenen Flügels zeigend. 6. Zweig mit jungen, sich eben streckenden Maitrieben und 2 vorjährigen Zäpfchen, die erst im nächsten September reifen. Alles natürliche Grösse.

Die 8—10 cm langen zarten Nadeln haben 2½ Jahre Dauer; sie stehen zu fünf im Kurztrieb, legen sich bei Schnee und Regen zu einem dichten Strang zusammen und bieten so dem Schneeanhang wenig Fläche. Die lange Zeit ihre glatte graue Rinde bewahrenden Aeste haben einen hohen Grad von Elasticität, was gleichfalls ihre Widerstandskraft gegen Schneedruck bedingt. Die jungen Triebe haben eine kaum sichtbare Behaarung, was sie gut gegenüber den filzig rostrot behaarten Trieben der Zirbe charakterisiert.

Die Rinde bleibt über 30 Jahre lang glatt und grau, dann bildet sich eine tief längsrissige, aussen graue, innen rötlich-violette Tafelborke.

Das Holz mit sehr breitem gelbem Splint und einige Zeit nach der Fällung rosarot werdendem Kern ist durch sehr grosse Harzkanäle und die nach innen nicht scharf abgesetzte Herbstholzzone kenntlich. Es hat nur etwa 0,35—0,40 spezifisches Gewicht, schwindet, reisst und wirft sich wenig, und ist gerade dadurch zu vielen Verwendungszwecken besonders geeignet. Die „Strobe" erreicht mit 10 Jahren schon etwa 3—5 m, mit 50 Jahren ca. 20 m, mit 80 Jahren ca. 28—29 m, mit 100 Jahren etwa 32—33 m Höhe und wird selbst in Europa bis 50 m hoch bei einer Brusthöhenstärke von 1—2 m.

Die starken Pfahl- und Seitenwurzeln machen die Strobe sturmfest. Sie wird daher als Randschutz, an Schneedruckorten, auf verschütteten frischeren Kiefernböden und an feuchteren Stellen kultiviert.

Empfindlich ist die glatte Rinde bei plötzlicher Freistellung gegen Rindenbrand.

Sie leidet sehr viel und auch noch in stärkeren Stämmen durch die Wurzelpilze Agaricus melleus und Trametes radiciperda, und sind solche erkrankte Stämme zu fällen, jüngere Pflanzen auszuziehen und zu verbrennen.

In Gärten mit Stroben dürfen keine Johannisbeerstöcke gepflanzt werden, da sie die Zwischenträger sind des Peridermium Strobi, des sogenannten Blasenrostes an Aesten und Stämmen der Strobe, durch welchen Pilz diese zu Grunde gehen. Er tritt in Form gelber Säckchen auf der Rinde auf. Seine zweite Generation lebt auf Ribesblättern.

In Städten, wo viel schwefelreiche Kohle gebrannt wird, wie z. B. in München, ist die Weymouthskiefer wegen ihrer Empfindlichkeit gegen schwefelige Säuren ebensowenig zu erhalten wie andere Nadelhölzer, von denen die Thuja noch am meisten widerstandsfähig erscheint. An Formen sind zu unterscheiden:

Wuchsformen: nana und pumila, Kugelformen; bei Nürnberg steht ein haubarer Stamm mit sehr langen Hauptästen, an denen die Seitenbeastung fast ganz zurücktritt; umbraculifera, niedriger Schirm; fastigiata, Säulenform; pendula, mit abwärts gebogenen Aesten.

Farbenformen: viridis mit hellgrünen Nadeln; nivea oder alba durch stark weisse Spaltöffnungsstreifen silberig glänzend; aurea mit gelblichen jungen Nadeln; variegata mit gelbbunten Nadeln; zebrina mit gelbgeringelten Nadeln; glauca blaugrün.

Nadelform: brevifolia, besonders kurzblätterig.

Fig. 18. Weymouthskiefernzapfen.
1. Pinus excelsa Wall. 2. Pinus Lambertiana Dougl., 38 cm lang ohne Stiel.
3. Pinus Strobus L. Alle im gleichen Massstabe verkleinert.

Pinus monticola Dougl., Gebirgs-Strobe. Diese nur im Westen Nordamerikas auf den Bergen der Sierra Nevada im nördlichen Californien, des Cascaden-Gebirges bis Washington und Montana, im Süden bis über 3000 m emporsteigend, hat grössere Zapfen und kürzere steifere Nadeln und dichtere Beastung wie die östliche Weymouthskiefer, der sie im übrigen sehr ähnlich ist. Die jungen Triebe sind deutlich braun behaart. In England und

Deutschland schon lange kultiviert, hat sie ihre Härte für rauhere Lagen noch nicht bewiesen. Sie ist in ihrer Heimat ein Waldbaum von 30—45 m Höhe und ähnlichem Holze wie die gemeine Strobe; zu forstlichem Anbau genügt die als hart erprobte P. Strobus vollkommen.

Pinus Lambertiana Dougl., Riesen-Strobe. Riesenkiefer genannt, weil sie die mächtigste aller Föhren ist und über 90 m Höhe erreichen kann; Zuckerkiefer heisst sie, weil aus Verletzungen ihrer Rinde ein zuckerhaltiger Saft (Pinit) ausfliesst, welcher im Sommer gewonnen und gegen Husten genossen wird.

Sie ist in Californien und den Bergen zwischen dem Felsengebirge und der westamerikanischen Küste verbreitet und steigt auf den Gebirgen bis 2500 m empor.

Ihre lang gestielten, hängenden Zapfen, im allgemeinen von der Form aller Strobenzapfen, sind 30—40 cm lang und geöffnet 10—15 cm breit (Abb. S. 39). Die mit dem Flügel verwachsenen Samen sind geniessbar. Ohne Flügel sind sie etwa 15 mm lang.

Von Versuchen, diese Kiefer im deutschen Walde anzubauen, ist man wegen ihrer Ansprüche an Luftfeuchtigkeit, Bodenfrische und wegen der Frostempfindlichkeit und Langsamwüchsigkeit abgekommen. Zu Parkanlagen mag sie in recht geschützten milden Lagen Verwendung finden, wenn man nicht die sicherere Weymouthskiefer, die zugleich schnellwüchsig ist, doch vorzieht oder die buschige Zirbe wählt.

Diesen drei amerikanischen Stroben schliesst sich noch eine asiatische an:

Pinus excelsa Wall., Himalaya-Strobe, Thränen-Kiefer, Nepal-Weymouthsföhre. Sie bildet im Himalaya zwischen 1600 und 4000 m kleinere reine Bestände, tritt in Mischung mit Cedern, Morindafichten, Pinus longifolia, Tannen und Laubhölzern auf und erreicht 30—50 m Höhe. Sie übertrifft die Weymouths-Kiefer in allen Dimensionen und an Wuchsgeschwindigkeit. Besonders zahlreich ist sie in alten Stämmen in Bozen, bei Fiume, den oberitalienischen Seen, Genf, Verona etc. vertreten, doch auch an milderen Orten in Deutschland erzogen. Versuchsweise wird sie auch im Walde in der Rheinpfalz kultiviert. Ihre langen graugrünen hängenden Nadeln, der fast alljährlich reiche Zapfenschmuck, die regelmässig quirlige Beastung und der glänzend glatte Stamm machen sie sehr wertvoll für grössere Parkanlagen, in denen sie sich voll entfalten kann.

Sie blüht im Mai. Die weiblichen, aufrechten lang gestielten und lang gestreckten Blüten sind im nächsten Frühjahr grünlichbraune aufrechte Zäpfchen, die sich nach nunmehr erfolgter Befruchtung lang strecken, abwärts hängen und grün werden. Sie sind zur Reifezeit ca. 26 cm lang, stark harzig und öffnen sich, indem sie schnell gelb werden, im Spätherbste.

Die Samen sind ganz wie die der Strobe, mit dem Flügel verwachsen, 7—8 mm lang, beiderseits braun und meist marmoriert, oben glänzend, auch künstlich entflügelt noch mit der Flügelzange verwachsen.

Die Keimlinge haben 9—11, 30—36 mm lange, an der oberen Kante zart gesägte Cotyledonen und beidkantig gesägte Primärblätter.

Pinus Peuce Grisebach, rumelische Strobe, tritt auf den Gebirgen zwischen dem Adriatischen und Schwarzen Meere, besonders auf dem Balkan bis in die Latschenregion in Beständen mittelgrosser Bäume und schliesslich in Buschform auf. Sie ist eine GebirgsStrobe, welche in der Höhe von 1600—2000 m vorkommt.

In ihren Dimensionen und der dichtastigen, buschigen

Fig. 19. Pinus excelsa Wall.
Reife Zapfen. Links geöffnet, 29,5 cm lang, rechts geschlossen, 28 cm lang; ohne Stiel.

Wuchsform sowie durch ihre kürzeren steifen Nadeln erinnert sie mehr an die Zirbe wie an P. excelsa, der sie bezüglich der Zapfenform am nächsten steht. Ihre Zapfen haben jedoch viel höher gewölbte, gelblich-grüne Schuppen mit rötlichem Rande, sind unreif gekrümmt und nicht einmal halb so lang wie jene der Thränenkiefer.

Ihre Samen sind denen der P. excelsa gleichgestaltet, doch etwas kleiner. Sie ist in Deutschland hart. Grössere Exemplare stehen in Scharfenberg bei Berlin, im Akademiegarten in hannövrisch Münden, wo sie auch reichlich Zapfen tragen. Jüngere, ebenfalls Zapfen tragende Exemplare wachsen in Bozen und ander-

Fig. 20. Pinus Peuce Grisebach.
Zweig mit geschlossenem, grünem Zapfen. Anfang August aus Bozen.
Zapfenlänge 9½ cm ohne Stiel.

wärts. Zu Parkanlagen ist sie sehr zu empfehlen, wo sie, härter wie excelsa, neben Strobus und Cembra am meisten unter den Fünfnadlern am Platze ist.

Pinus pentaphylla Mayr, japanische Strobe. Eine seltenere japanische Weymouthskiefer aus dem kühleren Laubwalde bis zur Tannenregion, die ein Baum erster Grösse wird und durch hängende Zapfen, die jenen der Pinus Peuce ähneln, und lang geflügelte Samen besonders charakterisiert ist. Ihre Nadeln erinnern mehr an die von Pinus Cembra. Die ca. 1 cm langen Samen bleiben wie bei alten Stroben mit dem Flügel verwachsen. Das Holz ist nicht wertvoller als das der gemeinen Strobe, vor der sie auch in forstlicher Beziehung nichts voraus hat.

Kommt in Japan auch kurznadelig (brevifolia) und gedrehtnadelig (tortuosa) vor.

b. Subsektion Cembra, Zirbelkiefern.

Nadeln zu fünf im Kurztrieb wie bei den Stroben, Zapfen aber kurz, eiförmig, aufrecht sitzend und jedenfalls nicht hängend, Samenschuppen stark verdickt, weich, aussen flaumhaarig, leicht abbrechend. Die Samen entfallen nicht dem (sich am Baum nicht öffnenden) Zapfen, sondern werden durch Vögel und Eichhörnchen am Baum schon herausgeholt oder werden erst bei Zerfall des ganz oder zerbröckelt vom Baum fallenden Zapfens frei.

Die Samenflügel sind bis auf eine kleine Schippe oder die bandförmig den Samen umfassende Zange reduziert. Die Samen sind dickschalig, nüsschenartig, nicht flugfähig und enthalten einen geniessbaren Kern.

Pinus Cembra L., Zirbe, Zürbel, Zirbelkiefer, Arve, Zirme. Verbreitet in den ganzen Alpen von Südfrankreich, Schweiz, Tirol, Bayern bis Steiermark, ferner in den Karpathen und zwar überall als Waldbaum des Hochgebirges im Süden bis 2400 m, in der Tatra zwischen 1300 und 1600 m, in Bayern zwischen 1500 und 1800 m, teils in räumlicher Mischung mit Fichte und Lärche, teils allein bis zur Latschenregion. Ein weiteres Verbreitungsareal hat sie in Ebene und Gebirg des nördlichen Russland und in Sibirien. Daselbst weicht sie jedoch von der europäischen Form durch höheren Wuchs, längere Zapfen und dünnschaligere Samen etwas ab. In unserem Hochgebirge hat sie eine grosse Bedeutung wegen der Sicherung der Berghänge gegen Lawinenbildung und Abschwemmung.

Sie liebt frischen, kräftigen Boden und feuchtere Luft, gedeiht gut bei künstlicher Kultur im Garten, wo sie schneller wächst wie im Gebirge, und dicht buschige, eikegelförmige Bäume mit gerundeten Kronen giebt und im Einzelstande alle Beachtung verdient.

Sie ist sehr widerstandsfähig und reproduktionskräftig. Bekannt sind die alten exponierten, vielgipfeligen Wetter-Zirben auf freien Bergkuppen der Alpen.

Sie blüht mit männlichen gelben Blüten an der Basis der sich im Juni entwickelnden Triebe. Die weiblichen violetten aufrecht gestielten Blüten stehen zu 2—4 im Quirle und werden bis zum Herbste kugelig nussgross, im zweiten Jahre wachsen sie bis zur Reife, blauviolett bleibend, erreichen 6—8 cm Länge und ca. 5 cm Dicke und werden braun. Die Zirbe wird im Gebirge erst mit dem 70.—80. Jahre mannbar und trägt dann nur alle 8—10 Jahre reichlichen Samen. In der Ebene fruchtet sie früher und öfter. Die Samen werden sowohl in den Alpen wie in Sibirien hauptsächlich am Baume von Tannenhähern aufgesucht und verbreitet. Die reifen Zapfen fallen gegen Frühling ganz vom Baum und zerbröckeln allmählich, wobei die Samen, die nun auch vielfach von Mäusen verschleppt werden, frei werden. Die Samen sind rehbraune dickschalige Nüsschen von 8—12 mm Länge und nur mit einem braunen ablösbaren Band als reduzierter Flügelzange umfasst. Sie werden als Zirbelnüsse in Russland und Tirol gegessen und an Papageien verfüttert. In München sind sie stets auf dem Gemüsemarkte zu haben. Frisch gesäet keimen sie zum Teil in einigen Wochen. Aelterer Samen liegt bis zum zweiten Frühling und zum Teil noch länger über.

Die sehr kräftigen, gedrungenen Keimlinge haben 10 über 50 mm lange dreikantige gesägte Cotyledonen und beidkantig gesägte Primärblätter.

Die Nadeln sind 6—10 cm lang auf Kurztrieben, deren Scheiden-Schuppen im ersten Jahre abfallen, und bleiben 5—6 Jahre lang sitzen.

Die harzlosen Knospen haben an der Spitze zusammengedrehte Schuppen. Die jungen Triebe sind rostrot filzig behaart. Das langsam gewachsene, engringige Zirbenholz mit breitem gelben Splint und schön rotbraunem Kern, ausgezeichnet durch grosse Harzkanäle und gegen das Frühlingsholz unscharf abgesetzte Herbstholzzone, ist hochgeschätzt zu Vertäfelungen, Möbeln und besonders zu Schnitzereien. Der langsame Wuchs, die starke Nutzung des

*) Figurenerklärung von **Fig. 21 Pinus Cembra**: 1. Zweig mit einem jungen und einem vorjährigen blauen Zapfen, im Sommer. 2. Reifer brauner Zapfen im zweiten Herbste. 3. Zapfenschuppe von innen. 4. Dieselbe von aussen. 5. Flügelzange, vom Samen abgelöst. 6. Same. 7. Nadelquerschnitt. 8. Keimling im zweiten Frühling, mit Cotyledonen und Primärblättern, die ersten Kurztriebnadeln austreibend. 9. Spitze eines Cotyledon von oben. 10. Spitze eines Primärblattes von oben. Alles natürl. Grösse, nur 7, 9 und 10 Loupenvergr.

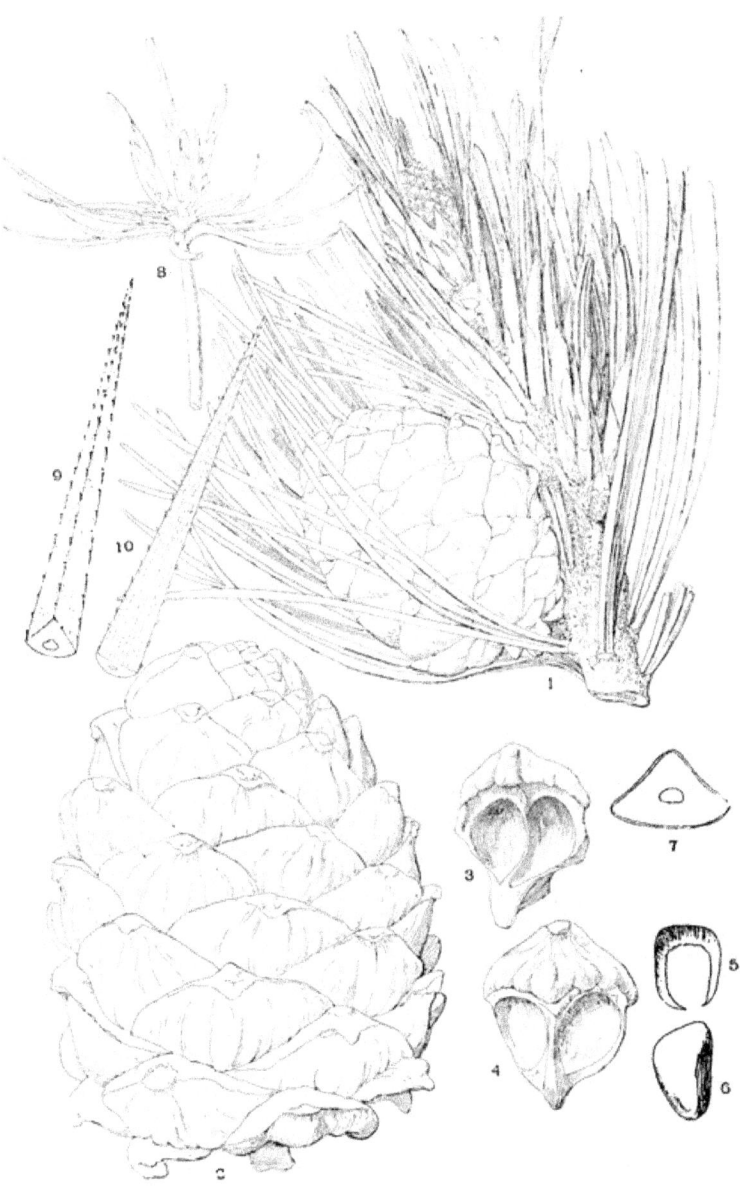

Fig. 21. Pinus Cembra L.

wertvollen Holzes, die Ziegenwirtschaft, welche keinen Jungwuchs emporkommen lässt, haben zur stärksten Verminderung der Zirbe geführt, die früher viel mehr und ausgedehnter in den Alpen zu finden war. Mehrhundertjährige Stämme zeugen für ihre Festigkeit und Zähigkeit gegen alle Unbilden.

Pinus pumila (Pallas), Zwerg-Zirbel, Kriech-Zirbel. Im nordöstlichen Sibirien bis zum amerikanischen Alasca und in Japan als Krummholz die oberste Waldgrenze in ausgedehnten Latschenfeldern bildend, steigt diese Holzart in Buschform auch herab zwischen die nächsten Hochwaldbestände.

Ihre Zapfen sind nur etwa $3^{1}/_{2}$ cm lang, von der Form der Zirbelzapfen, braun. Der reifende Zapfen ist grün mit grauen Apophysen in rötlicher Umgebung. Die Nadeln sind etwa 5—6 cm lang. Die dickschaligen Samennüsschen wie jene der Zirbel nur mit reduziertem Flügel-Zangenbande umgeben, sind nur 6—10 mm lang und geniessbar. Der Same liegt gleichfalls über. Für deutsche Hochgebirge wie für Parkanlagen erscheint sie entbehrlich.

Kommt in Japan auch kurznadelig (brevifolia) vor.

Pinus Koraiensis Sieb. et Zucc., Korea-Zirbel. Ein Waldbaum, der bis 40 m Höhe erreicht und auf Korea sowie in Japan im oberen Laubwald und im unteren Nadelwald eingesprengt, ausserdem schon lange kultiviert ist. Durch seine schönen dunkelgrünen, mit blauweiss leuchtenden Spaltöffnungsreihen der zwei Nadel-Breitseiten versehenen Blätter und die dichte Beastung sehr dekorativ wirkend und in Deutschlands Parkanlagen wohl zu berücksichtigen, ist auch schon in 7—8 m hohen Exemplaren vorhanden. Die sitzenden Zapfen, lang eiförmig, mit zurückgerollten Spitzen der Samenschuppen, werden bis 15 cm lang. Die geniessbaren Samen von der Form der Zirbelnüsse werden $1^{1}/_{2}$ cm lang und haben auch nur die reduzierte Flügel-Zangenleiste. Sie liegen ein Jahr über.

Kommt in Japan auch gelbbunt (variegata) und mit gedrehten Nadeln (tortuosa) vor.

Pinus parviflora Sieb. et Zucc. Ein japanischer Gebirgswaldbaum, der zwischen P. Strobus und P. Cembra steht und seinen dickschuppigen, vom Zweige abstehenden Zapfen mit nüsschenartigen, nur mit einer kurzen Flügelschippe versehenen Samen wegen zur Subsektion Cembra zu stellen ist. Er unterscheidet sich ausser durch Zapfen und Samen, besonders durch dünnere, zartere Belaubung von P. pentaphylla, von welcher er durch dekorativen

Wuchs und klimatische Unempfindlichkeit übertroffen wird. Er dürfte im milderen Eichenklima kultivierbar sein. Er tritt einzeln und in Horsten auf und in Mischung in Eichen- und Buchenwäldern, bald ein kleiner Baum, bald erster Grösse; das Holz ist noch wenig benützt. Er ist auch nach Sargent in Neu-England in Amerika kultiviert und gedeiht gut.

Kommt in Japan in verschiedenen Formen vor. So bunt (variegata), gelb- und grünzonig (oculus draconis), kurznadelig (brevifolia), mit gedrehten Nadeln (tortuosa) etc.

Picea, Fichten.

Alle Fichten sind immergrüne Waldbäume, die von der Küste bis zur oberen Waldgrenze in der nördlich gemässigten Zone von Nordamerika, Europa und Asien vorkommen. Sie besitzen ausschliesslich Langtriebe mit spiralig sitzenden mehrjährigen Nadeln. Der Blattgrund ist wie bei Lärchen und Cedern als Blattkissen entwickelt und bildet einen Teil der Rinde. Die Blüten stehen einzeln zerstreut in der Achsel der Blätter. Die Deckschuppe ist schon zur Blütezeit gegenüber der Samenschuppe klein (umgekehrt wie bei Larix und Abies) und verkümmert bald ganz, so dass sie am reifen Zapfen nicht sichtbar ist. Die Zapfen reifen im ersten Herbste und fallen nach Ausfliegen der Samen ganz ab. Die Samen lösen sich stets vom Flügel, der sie löffelartig deckt, ganz ab. Die beschuppten Knospen sitzen zerstreut an den Langtrieben, jedoch am Ende der Triebe gehäuft, so dass hier die Aeste scheinbar quirlig stehen. Der Stamm ist einheitlich, der Wuchs pyramidenförmig.

In Europa sind nur 2 Arten heimisch (P. excelsa incl. obovata und P. Omorika); in Amerika sind 7 Arten zu Hause (im westlichen Nordamerika: P. Engelmanni, pungens, Breweriana, sitchensis; im östlichen Nordamerika: P. nigra, rubra, alba); in Asien sind 8 Arten heimisch (im Innern: P. Schrenkiana, Morinda, orientalis; in Japan oder den gegenüberliegenden asiatischen Festlandküsten: P. Glehni, Alcockiana, polita, Ajanensis, Hondoënsis).

Man trennt die Fichten in 2 Sektionen. 1. Eupicea mit vierkantigen, auf 4 Seiten Spaltöffnungen tragenden Nadeln und abwärtshängenden Zapfen: P. excelsa, nigra, alba, rubra, Engelmanni, pungens, Breweriana, Morinda, Schrenkiana, orientalis, Glehni, polita, Alcockiana. 2. Omorica mit flachen, auf der eigentlichen Oberseite in 2 Rinnen die Spaltöffnungen tragenden Nadeln und abstehenden Zapfen: P. Omorika, sitchensis, Ajanensis, Hondoënsis.

Alle Fichten haben ungefärbtes Kernholz und Harzkanäle. Ihr Stamm wird als Nutzholz verwendet und sind die Fichten daher wichtige forstliche Kulturpflanzen, die in zusammenhängenden reinen Beständen, wie in Mischwaldungen vorkommen und gezogen werden. Sie vertragen viel mehr Schatten wie die Kiefern und weniger wie die Tannen.

Im Freistand tiefbeastet und mit mehrjähriger Benadelung versehen, verdienen sie sehr den Anbau in Garten- und Parkanlagen, wo sie einzelständig und in Gruppen verwendet werden können. Die vielen Zwergformen dienen mehr Spielereien und sind selten schön. Interessant sind die zahlreichen Abarten, die sich in der Natur finden.

Eine sehr ausgedehnte Verwendung finden die Fichten zu lebenden Zäunen.

Picea excelsa Lk. Fichte, Feichte, Rottanne.*) Die Fichte ist der verbreiteteste und wichtigste Waldbaum von Süd- und Mitteldeutschland, wie von Oesterreich, während in der norddeutschen Ebene die Kiefer vorherrscht und in Südeuropa die Fichte nicht heimisch und nur wenig kultiviert ist.

Sie ist heimisch in den Pyrenäen bis zum 42.° n. Br. nach Süden, in den Alpen und Karpathen, den Mitteldeutschen Gebirgen und Scandinavien bis zum 69.° n. Br. nach Norden und im europäischen Russland. Im Nordosten tritt sie in der Form „obovata" auf. Durch Kultur ist ihr Verbreitungsgebiet sehr bedeutend erweitert und ist sie in den Ebenen kultiviert, wie im Gebirge. In den bayerischen Alpen geht sie etwa 1800 m empor bis in die Latschenregion, in Südtirol über 2000 m, im Harz bis 1000 m, in Norwegen bis 200 m. Im Süden ist sie nur auf die höheren Gebirgsteile beschränkt, wo sie in reinen Beständen und in Mischung mit Lärchen und Zirben die Waldgrenze bildet.

Sie wird rein und in Mischung mit Tanne und Föhre und Buche und verschiedenen andern Laubhölzern gezogen, gepflanzt, gesät und natürlich verjüngt.

---

*) **Figurenerklärung von Fig. 22 Picea excelsa**: 1. Weibliche Fichtenblüte aus einer Endknospe gebildet und aufrecht stehend. 2. Reifer, noch geschlossener hängender Zapfen. 3. Männliche Blüten, die sich noch nicht gestreckt haben, aus End- und Blattachselknospen entwickelt. 4 und 6. Schuppen aus den weibl. Blüten von innen mit den 2 Ovulis und von aussen mit der kleinen Deckschuppe. 5 u. 7. Schuppen aus dem reifen Zapfen von aussen mit der kleinen Deckschuppe und von innen mit der Höhlung, wo die Samen lagen. 8. Geflügelter Same von oben, vom Flügel löffelartig bedeckt. 9. Entflügelter Same. 10. Geflügelter Same von innen. 11. Zweig mit Blattkissen und einer vierkantigen Nadel. 12. Nadelquerschnitt mit 2 Harzkanälen. 13. Keimling. 14. Cotyledon. 15. Primärblatt. 16. Entnadelter Zweig mit Knospen. 17. Abgeworfene Knospenschuppen. Alles natürl. Grösse, nur 11, 12, 14, 15 Loupenvergr.

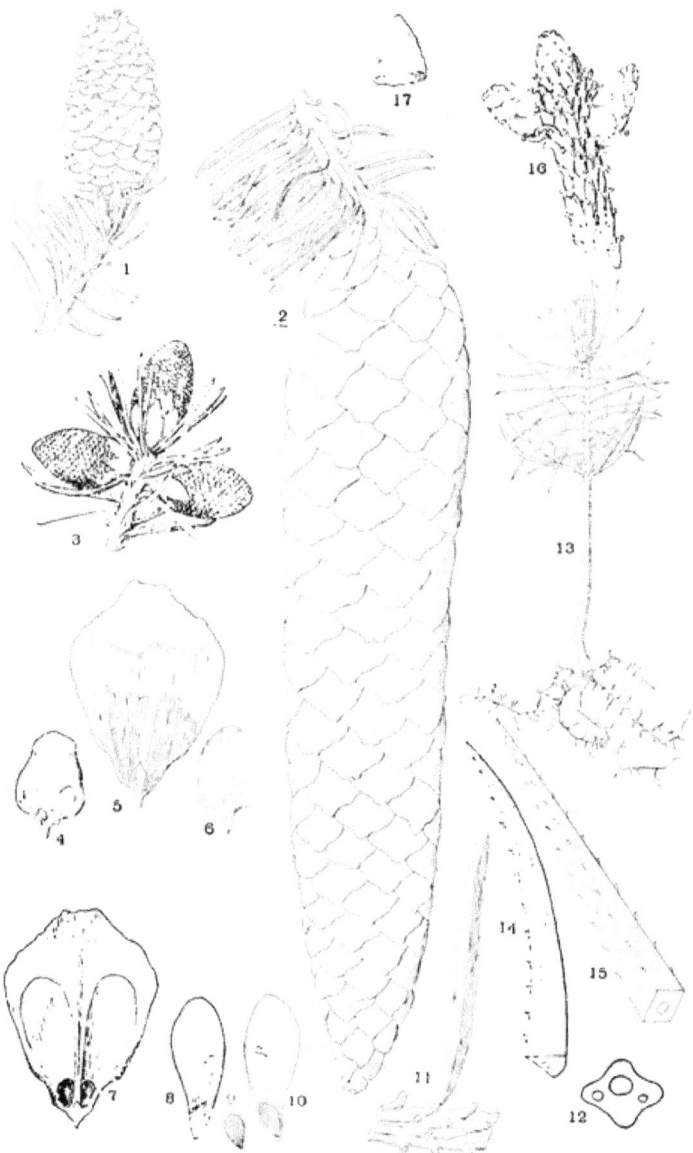

Fig. 22. Picea excelsa Lk.

Sie erreicht Höhen bis zu 50 m bei völlig einheitlichem Schafte. Nur bei Verletzungen, wie sie im Hochgebirge besonders häufig sind, bilden sich die vielgipfeligen sogenannten Wettertannen.

Sie hat ein grosses Reproduktionsvermögen und verträgt das Beschneiden gut. Die Zweige werden häufig zu Kränzen, Guirlanden etc. benützt, verlieren aber ihre Nadeln, sobald sie trocken werden. Die Fichte wird auch sehr häufig zu lebenden Hecken und allen möglichen Figuren gezogen und dabei alljährlich gestutzt. Lässt man die Hecken schliesslich aufwachsen, so geben sie oftmals noch gute Stämme.

Die Hecken werden leider öfters lückig durch die Beschädigungen des Agaricus mellens, des Hysterium macrosporum, der Chrysomyxa Abietis und der Chrysomyxa Rhododendri.

In der Nähe grösserer Städte weicht auch die Fichte wegen der ihr schädlichen schwefligen Säure des Steinkohlenrauches zurück. Ihr pyramidaler, schneller Wuchs und die tiefe Beastung machen sie sehr geeignet für Parkanlagen, doch verlangt sie frischen, nicht zu armen Boden und ist empfindlich gegen stagnierende Nässe und gegen Spätfröste im Frühjahr.

In feuchten Lagen bewurzeln sich übererdete Aeste und bilden sogenannte Absenker, wie ich dies auch bei Pinus Mughus in den Alpen, Larix europaea im Garten und Juniperus communis schon beobachtete. Auch künstlich kann die Fichte durch Stecklinge und durch Aufpfropfen vermehrt werden, was jedoch nur zur Erhaltung bestimmter Abarten und Formen angewendet wird.

Sie gedeiht zwar auf verschiedenen Böden mit Ausnahme der ganz trocken-sandigen und der nassen, liebt aber am meisten sandigen und humosen Lehmboden, wo sie sich auch tiefer bewurzelt.

Die Fichte blüht im Freistand oft schon in jugendlichen Exemplaren, doch meist und reichlich etwa im 40. Jahre, im geschlossenen Bestande erst im 60.—70. Jahre und bringt dann alle 4—6 und im Gebirge etwa alle 7—8 Jahre reichlichen Samen.

Sie blüht etwa im Mai mit dem Laubausbruch.

Die anfangs erbsengrossen **männlichen Blüten** stehen vereinzelt in der Nadelachsel vorjähriger Blätter, sie strecken sich zu einem gestielten, langen Würstchen. Die Pollensäcke springen mit Längsspalt auf und entlassen die mit Flugblasen versehenen gelben Pollenkörner, die oft in solchen Massen vom Winde vertragen und mit dem Regen auf den Wegen zusammengeschwemmt werden, dass sie besonders in Städten als „Schwefelregen" aufgefasst werden.

Die männlichen Blüten finden sich auch in den unteren Baumteilen, während die weiblichen Blüten mehr auf die obere Krone beschränkt sind. Dieselben sind schön rot, entwickeln sich aus Endknospen der Triebe und stehen aufrecht. Auf die Bestäubung erfolgt alsbald im Juni die Befruchtung, der Zapfen wächst schnell unter festem Schliessen der Schuppen und sich durch seine Schwere herabneigend heran und wird grün. Die zur Blütezeit schon kleinen Deckschuppen sind nicht mehr am Zapfen zu sehen. Die Zapfen sind schon im August ausgewachsen und reifen im Oktober bei einer Grösse von 15 bis über 20 cm. Ihre Schuppenränder sind meist mehr oder weniger ausgezähnt. Die Zapfen springen im Spätwinter auf, die geflügelten Samen fliegen alsbald aus und die meisten der nun entleerten Zapfen fallen im Laufe des Jahres bis zum nächsten Frühjahr ab.

Die Samen lösen sich von dem sie oberseits löffelartig deckenden Flügel allmählich los. Alle Körner sind matt kaffeebraun, eiförmig zugespitzt mit leicht gedrehter Spitze und 4—5 mm lang. Sie halten ihre Keimfähigkeit 5—6 (7—8) Jahre. Sie keimen in 3—4 Wochen nach der Frühlingssaat. Der Keimling trägt 8 (5—10) 15—17 mm lange dreikantige, an der Oberkante gesägte, aufwärts gekrümmte Cotyledonen und beidkantig gesägte Primärblätter.

In Pflanzschulen mit Riefensaat wird im 2. Jahre ein Teil der dichtstehenden Pflanzen herausgezogen und verschult. Die 2—3jährigen Pflanzen werden ausgepflanzt. An ungünstigen Orten wie in Hochlagen, Frostlöchern, vergrasten Plätzen benützt man ältere Pflanzen. Der Keimling schliesst mit einer Endknospe und einzelnen Blattachselknospen, die nur selten im ersten Jahre schon austreiben, ab. Im zweiten Jahre bilden sich einige Blattachselknospen nahe der Gipfelknospe, welche im dritten Jahre den ersten Scheinquirl der Seitenäste bilden. Die Knospe, welche nur in einem kleinen grünen, undifferenzierten Höcker besteht, ist von braunen trockenhäutigen Schuppen der verdickten Spitze des vorjährigen Triebes kegelig behüllt. Beim Austreiben im Frühling werden diese Schuppen kapuzenartig zusammenhängend abgeworfen.

Die stechenden gelbspitzigen, vierkantigen Nadeln mit rhombischem Querschnitt ändern sehr ihre Form an jungen und alten Pflanzen, Haupttrieben und Seitenzweigen und in der Krone. Sie sitzen auf kräftigen Blattkissen auf und werden 5—7 Jahre alt.

Die Zweige, kaum sichtbar behaart, sind glänzend hellbraun. Später bildet sich eine dünne Borke mit kreisförmigen, abspringenden Schuppen aus, dieselbe wird mit dem Alter dann allmählich dicker und hat rötlichbraune Farbe. In jüngerem Alter bis zum

Stangenholzalter, bevor Borkeschuppenbildung eintritt, ist die Farbe noch heller rot. Die Rinde ist gerbstoffreich und wird daher als Gerbmaterial auch benutzt.

Die **Wurzeln** sind flachstreichend, weshalb die Fichte vom Windwurf und Schneedruck zu leiden hat.

Das **Holz** lässt einen Unterschied von Splint und Kern nicht erkennen, ist gelblichweiss, mit scharfen Herbstholzgrenzen und zahlreichen feinen Harzkanälen. Es ist das geschätzteste Bauholz, wird verwendet zu Telegraphenstangen, Schwellen, zum Schiffbau und hauptsächlich als Brettware zu Möbeln, Kisten, Schachteln etc. Am hochwertigsten aber ist das ganz gleichmässig gewachsene, leicht spaltbare sogenannte Resonanzholz, besonders aus dem bayerischen Walde zum Bau von Klavieren und anderen Musikinstrumenten, zu Siebzargen etc.

Endlich dient es zur Herstellung von Spielwaren, Zündhölzern, Holzstäben und zu Cellulose.

Als besondere **Wuchsformen** unterscheidet man die Trauer- oder Hängefichten: viminalis, nur mit hängenden Aesten zweiter Ordnung; pendula (zugleich Säulenform); inversa, mit direkt abwärtshängenden Aesten; aegra myelophthora; reflexa. Die Schlangenfichte: virgata, fast nur mit Aesten erster Ordnung; ferner Cranstoni. Ferner: monocaulis, ohne jede Beastung; monstrosa, ohne Seitenbeastung zweiten Grades; Barry, fast nur mit Haupttrieben.

Endlich die unter dem Namen septentrionalis aus Schweden eingeführte und in deutschen Waldungen insbesondere in Höhenlagen, wo unsere Fichte nur noch schwer fortkommt, versuchsweise angebaute Form. Dieselbe hat kleine Samen und sehr kleine und schlechtwüchsige Keimpflanzen und hat nirgends den Erwartungen entsprochen.

Säulenformen: pyramidalis, pyramidalis robusta, pyramidalis gracilis, eremita, columnaris, conica.

Säulige Zwergformen: pyramidalis compacta; Remonti; elegans, kraus; archangelica; pygmaea; Gregoryana, sehr feinzweigig.

Zwergige Kugel- und Schirmformen: clanbrasiliana; compacta; humilis, feinzweigig; echinoformis; Merkii, krauszweigig; nana, plattrund; pumila; parviformis; tabuliformis.

Kriecher und flach den Boden bedeckende Formen: procumbens, dumosa.

Hierzu gesellt sich noch die sich nur durch Schneedruck und Sturm entwickelnde vielgipfelige Wettertanne der Hochlagen, die senkerbildenden Fichten in feuchten Hochlagen (Brocken), die schmal- und spitzkronigen Fichten der sog. Auen des bayerischen Waldes, die eigentümlichen Stelzenfichten des süddeutschen und böhmischen Urwaldes, welche entstehen, wenn sich junge Fichten auf gefallenen Stämmen und hohen Stöcken ansiedeln und über dieselbe starke Wurzeln bilden, die später frei wie Stelzen stehen, wenn die Unterlage verwittert ist.

Zapfenformen: Die Fichte ändert sowohl in der Form und Grösse der Nadeln wie der Zapfen ausserordentlich ab. Die Zapfenschuppen kommen fast ganz gerundet und wieder stark gezähnt und in der Mitte lang vorgezogen vor.

Zwei in der Farbe verschiedene Formen kommen aber sehr häufig nebeneinander vor, nämlich mit bleichgrünen Zapfen (chlorocarpa Purk.) und mit roten Zapfen (erythrocarpa Purk). Beide Formen weichen auch in einigen anderen Eigentümlichkeiten konstant voneinander ab.

Farbenformen: 1. Mit abweichend gefärbter Belaubung: variegata, mit einzelnen gelblichen Nadeln; argentea, mit einzelnen weisslichen Nadeln; aurea und aurea magnifica, mit gelber Belaubung; argenteo-spica, mit silberigen Triebenden. 2. Mit abweichend gefärbter Rinde junger Zweige: coerulea, mit blauen Trieben und bläulichen Nadeln; Finedonensis, mit gelber Rinde und weisslichgelben Nadeln.

Nadelformen: Maxvellii, stark- und spitznadelig; mucronata, scharfspitzige Zwergform; concinna und attenuata, dünn und kurznadelig; phylicoides, kurz, steif und spitznadelig.

Borkeformen: Es wird oftmals eine Fichte mit hohen Korkleisten und -Kegeln beobachtet, ferner Exemplare, deren Borke ähnlich jener einer Eiche ist, und solche, die an einzelnen Stellen Spalten mit seitlich aufgeworfenen vertikalen Borkelappen wie Lippen zeigen.

Picea excelsa var. obovata Led. (syn. P. obovata Ant.), Sibirische Fichte. Eine klimatische Abart unserer Fichte, welche in Sibirien, dem nördlichen und nordöstlichen Russland, Skandinavien und Japan sich findet, wo auch eine zwergige Hochgebirgsform derselben als P. obovata japonica Maxim. vorkommt. Auch hat man abweichende Formen als Altaiform und Uralform noch unterschieden. Sie tritt wie die Fichte, zu der alle Uebergangsformen vorhanden sind, als bedeutender, wichtiger Waldbaum auf, sie ist meist gedrungener und niedriger wie die Fichte, hat dichtere Belaubung und viel kleinere Zapfen. In Parkanlagen ist sie vielfach kultiviert.

Als Uebergangsform von P. excelsa zur var. obovata sind in der Heimat der letzteren P. excelsa medioxima und einige andere Formen aufgestellt worden. Hieher gehören auch die als fennica, Uwarowii, beschriebenen Formen. Besonders wurde auch die Form lapponica aus Lappland unterschieden.

Zu diesen Formen ist wohl auch die von Brügger beschriebene f. alpestris aus den Schweizer Alpen zu rechnen.

Auch Picea Schrenkiana Fisch. et Mey. kann als eine im Thian-Schaugebirge, Alataugebirge und der soongarisch-kirghisischen Steppe waldbildende Fichte, die im Habitus zwischen f. obovata und P. Morinda steht, als Form der P. excelsa betrachtet werden.

Picea Breweriana Wats. Ein in den Bergen des nördlichen Californien mit Douglastannen, Lawsons Cypressen und Abies concolor vorkommender Waldbaum vom Habitus unserer Fichte und ausgezeichnet durch lang peitschenförmig herabhängende Aeste zweiter Ordnung, derentwegen sie als Trauerfichte bezeichnet wird. Ihre Zapfen, über den ganzen Baum verteilt, endständig hängend, erreichen oft die Grösse unserer Fichtenzapfen.

Picea nigra Lk., Schwarzfichte. Dieser nordostamerikanische Waldbaum im mittleren Teile seiner Verbreitung mit der ihn an Stärke übertreffenden P. alba vorkommend, geht südlicher wie diese in die Alleghaniesgebirge, und nicht soweit nach Norden (bis etwa zum 55.° n. Br.). Er wird 15—25 m hoch, bleibt in Deutschland ziemlich nieder, ist aber hart und steht z. B. auf Wilhelmshöhe in stärkeren Exemplaren. Er wird nur als Parkbaum gezogen und kommt dunkelgrün und bläulichgrün vor. Er hat nicht den angenehm-aromatischen Geruch der jungen benadelten Zweige wie P. alba, der er oft ziemlich ähnlich sieht. Die Zweige und die sehr langen Knospenschuppen sind auffällig behaart, während alba unbehaart ist und ihre Knospenschuppen gerundet anliegend sind. Die sehr kleinen, eiförmigen, fast kugeligen, dunkel purpurrotbraun erscheinenden Zäpfchen hängen gehäuft an den Zweigenden mit kurzen abwärts gekrümmten Stielen. Sie sind etwa 3 cm lang. Die Samen sind sehr klein (2—3 mm lang) und schwärzlich-braun. Aus den Zweigen wird das sogenannte Sprucebeer der Amerikaner hergestellt. Das Holz hat wenig Verwendung als Nutzholz.

Fig. 23. Picea nigra Lk. Zapfen in natürlicher Grösse und Zweigspitze mit Knospen, deren Knospenschuppen stark behaart sind. Natürl. Grösse.

Von ihr steht eine abweichende, dichte, blaugrüne Pyramidenform (Mariana) in Kassel, die durch Stecklinge vermehrt wird. Eine zierliche Pyramidenform ist Doumettii, eine säulige Zwergform fastigiata, eine kugelige Zwergform nana. Farbenformen sind argenteo-variegata und aurea. Sie kommt auch als Schlangenfichte vor.

Picea rubra (Poir.) von Neu-Schottland und Neu-Fundland bis in die arktischen Regionen des östlichen Nordamerika, wo sie noch strauchig auftritt, verbreitet, hat braunrote 3—4 cm lange Zapfen. Sie wird von manchen Autoren, wie Masters und Sargent, als identisch mit der arktischen niederen Form der P. nigra betrachtet, während sie Beissner, besonders mit Rücksicht auf die stattlichen Stämme derselben in deutschen Anlagen (Mainau, Wörlitz, Kassel etc.) für verschieden erachtet. Sie wird 30—40 m hoch und liefert grosse Mengen Bau- und anderen Nutzholzes in Nordamerika.

Picea alba (Ait.), Schimmelfichte, Weissfichte. Ein kleiner wichtiger und sehr verbreiteter Waldbaum des nördlichen Nordamerika, der auf günstigen Standorten, in den östlichen Rocky

Mountains angeblich bis 50 m hoch und 0,90 m dick wird, in der arktischen Region in Canada (bis zum 70.° n. Br.) buschförmig wird, auf den kühlen Sümpfen im Südosten (herab bis zum 45.° n. Br.) seiner Verbreitung als kurzschaftige Spitzfichte auftritt, in Europa aber in der Regel nur 10—15 m Höhe erreicht und tiefbeastet bleibt.

In Amerika wird zwar sein Holz vielfach verarbeitet und mehr geschätzt wie das von P. nigra, hat aber für Deutschland keinen Vorzug vor dem der P. excelsa.

Dagegen machen doch einige gute Eigenschaften die Kultur des Baumes zu gewissen Zwecken wertvoll.

Vor allem ist er völlig hart und hält noch in Dorpat aus. Seine dichte und tiefe Beastung und seine geringe Höhe machen ihn sehr geeignet als Randbaum freier in Wiesen liegender Waldparzellen. So verwendet traf ich ihn sehr häufig auf Seeland, nördlich von Kopenhagen.

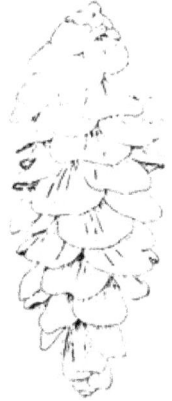

Fig. 24.
Picea alba Lk.
Reifer geöffneter Zapfen.
Natürl. Grösse.

Er verträgt ausserdem den Einfluss des Salzwassers und Seewindes

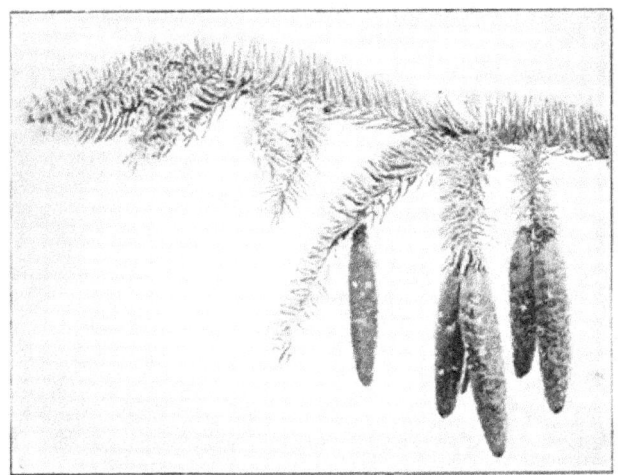

Fig. 25. Picea alba Lk. forma coerulea.
Zweig mit langen, hängenden, fast reifen grünen Zäpfchen, auf denen perlenförmig Harztröpfchen sitzen, aus Bozen Anfang August. Zapfenlänge 7 cm.

und gedeiht gut auf Dünen, zu deren Bindung er neben der aufrechten Form von Pinus montana viel angebaut wird.

Sein dichter Aufbau, seine schön blauweiss erscheinende Belaubung, die ihm den Namen Schimmelfichte eintrug, sein leichtes Gedeihen auch in warmen Gegenden (z. B. Bozen), sein frühzeitiges Zapfen- und Samentragen geben ihm grossen Wert als Parkbaum. Sein geringes Höhenwachstum macht ihn auch noch für kleinere Gärten geeignet. Auch bei München wird er etwa 15 m hoch. Die überaus reichlich vorhandenen, hängenden, hellbraunen Zäpfchen sind nur 3—6 cm lang und sehr dünnschuppig, so dass sie zwischen den Fingern breit gedrückt werden können. Die Samen sind nur 2—2½ mm lang. Der Keimling ist sehr zart mit 6 nur 13 mm langen, zart gesägten Cotyledonen und stärker gesägten Primärblättern.

Die Nadeln geben beim Zerreiben zwischen den Fingern einen aromatischen Geruch.

Von Formen ist am meisten f. coerulea verbreitet, die noch auffallender blaugrün belaubt ist und viel längere Zapfen (bis 8 cm) trägt. Sie ist überall in den Gärten Deutschlands verbreitet. Von ihr wird eine sparrige Form (hudsonica) unterschieden.

Weniger wichtig ist eine gelbliche Form (aurea) und eine blaugrüne Zwergform (nana glauca).

An Wuchsformen kommen noch vor: Zwergformen (compressa, nana, echinoformis, compacta pyramidalis oder gracilis); ferner eine Hängeform (pendula) und eine aufstrebende Form (fastigiata).

Picea Engelmanni Engelm. Diese Fichte des westlichen Nordamerika tritt bestandbildend im Felsengebirge auf, wo sie in feuchten Thälern bis 46 m Höhe erreicht und von 2800 m bis zur Baumgrenze, wo sie schliesslich buschförmig wird, verbreitet ist.

Sie hat vierkantige stechende Nadeln, die auf allen vier Seiten Spaltöffnungen tragen und sie gegen Wildverbiss schützen. Ihre Triebe sind dicht behaart. Die Knospenschuppen sind anliegend, die Zapfen sind 4—6 cm lang, mit längswelligen und am Rande ausgezähnten Schuppen. Ihre Rinde wird als Gerbmaterial genutzt. Ihr Wuchs ist ein sehr langsamer. In Parkanlagen sind besonders ihre blaugrünen Formen glauca und noch schöner argentea als dekorativ geschätzt, und da diese Fichte bei uns ganz hart ist, auch zu empfehlen. Im Walde ist sie zwar gediehen, bleibt aber in der Jugend sehr gegen unsere Fichte zurück. Neu ist eine Hängeform (pendula).

Picea pungens Engelm. (syn. P. Parryana Burr.). Auch diese Fichte wächst im Felsengebirge des westlichen Nordamerika,

wo sie in tieferen Lagen wie P. Engelmanni vorkommt und nur
einzelständig in den Mischwald der tieferen fruchtbaren Thäler
eingesprengt ist. Ihre Verbreitung liegt zwischen 2000 und 2800 m.

Sie hat scharf stechende, derbere, vor Wildverbiss sichernde
Nadeln wie die Engelmanni,
und Knospen mit zurückge-
rollten Schuppen. Ihre Zapfen
sind denen der vorigen durchaus ähnlich. Ihr Wuchs ist
schneller.

In unseren Parkanlagen
hart, ist sie hauptsächlich in
den blaugrauen Exemplaren,
die besonders in der Jugend
sehr silberig sind, geschätzt
und verbreitet. Es ist dies
f. glauca coerulea und vor allem
die schönste argentea. Im
Walde hat ihr Anbau nach den
preussischen Erfahrungen an
feuchten Orten, wo die einheimische Fichte nicht mehr
gedeiht und P. sitchensis durch Spätfrost gefährdet ist, am meisten
Bedeutung.

Fig. 26.
Picea pungens Engelm. f. glauca.
Wirkliche Länge des Zweiges 17½ cm. Die
Figuren 26, 30, 32 sind gleichstark (ca. 4mal)
verkleinert.

Picea Morinda Lk. (syn. P. Smithiana und Khoutrow), Thränen-
oder Morinda-Fichte. Ein Waldbaum erster Grösse, der besonders
im westlichen Himalaya zwischen 2000 und 3500 m rein oder in
Mischbeständen mit Pinus excelsa, Cedrus Deodara und in den
tieferen Lagen mit Abies Pindrow vorkommt. Sie ist in Deutschland meist nicht hart, im milderen Frankreich und England gegen
Spätfröste empfindlich, gedeiht sehr gut in Bozen, wo sie in den
Gärten neben Cedern, Pinus excelsa, Abies Pinsapo, Cypressen und
anderen mehr empfindlichen Holzarten in starken, reichlich fruchtenden Exemplaren vorhanden ist und sehr dicht beastete und
belaubte Bäume bildet, während die dabei stehenden gemeinen
Fichten nur sehr locker benadelt erscheinen. Zu dichterer und
länger lebender Belaubung bedarf eben unsere Fichte einen feuchteren, kühleren Stand, so wie sie ihn im Gebirge findet. In milden
Gegenden Deutschlands, wie in Frankfurt, Heidelberg etc. hält die
Morinda-Fichte gut aus. Sie hat etwa fünf Jahre lebende, sehr

lange (4—5 cm), etwas gekrümmte, dünne, aber steife, dunkelgrüne Nadeln. Die Seitenzweige stehen vom Stamme gerade ab, die Zweige zweiter Ordnung hängen lange herab mit abwärts gerichteten Nadeln. Die Krone ist dichter und breiter wie bei unserer Fichte. Die im April schon ausgestäubten männlichen Blüten,

Fig. 27. Picea Morinda Lk.
Baum von ca. 17 m Höhe in Bozen (Kirchebener Garten).

zerstreut am Zweige stehend, hängen als lange Würstchen herab. Die weiblichen roten Blüten sitzen endständig aufrecht, die grünen Zapfen hängen und scheiden glashelle Harztropfen aus, die dieser Fichte den Namen Morinda- oder Thränen-Fichte verschafften.

Die Zapfen erreichen zur Reifezeit eine Länge von 14—16 mm,

sind walzig und durch dicke, mit sehr gleichmässig abgerundetem Rande versehene Schuppen ausgezeichnet. Sie sind die grössten aller Fichtenzapfen und sind dementsprechend auch die Samen sehr gross, nämlich 6—7 mm lang (fast so gross wie die von P. polita) und von kaffeebrauner Farbe.

Fig. 28. Picea Morinda Lk.
Hängende Zweige mit dünnen, sehr langen Nadeln und den männlichen Blüten. Natürl. Grösse der einzelnen Nadeln ca. 4 cm.

Picea orientalis Lk. et Carr., Sapindus-Fichte. Ein Waldbaum erster Grösse aus den Gebirgen Kleinasiens, wo er zwischen 1200 und 1500 m geschlossene Waldungen bildet. Besonders an den südwestlichen Abhängen des Kaukasus, des Taurus und Antitaurus verbreitet, wo er über 30—40 m Höhe erreicht; die Sapindus-Fichte gehört zu vollendetem Gedeihen auch mehr in mildere Lagen, wie sie in Tirol, Istrien etc. schon zu finden sind, hält aber auch in Deutschland aus, wo sie jedoch langsam wächst und nicht sehr hoch wird. Sie eignet sich daher mehr für kleinere Anlagen, wo sie durch ihren äusserst zierlichen Habitus recht wertvoll ist. Ihre dicht stehenden Nadeln sind sehr kurz ($1/2$—1 cm lang) und decken den Zweig von oben; sie glänzen auffallend, wie gefirnisst(!). Die Seitenzweige sind sehr zierlich, dünn, lang gestreckt. An der Spitze

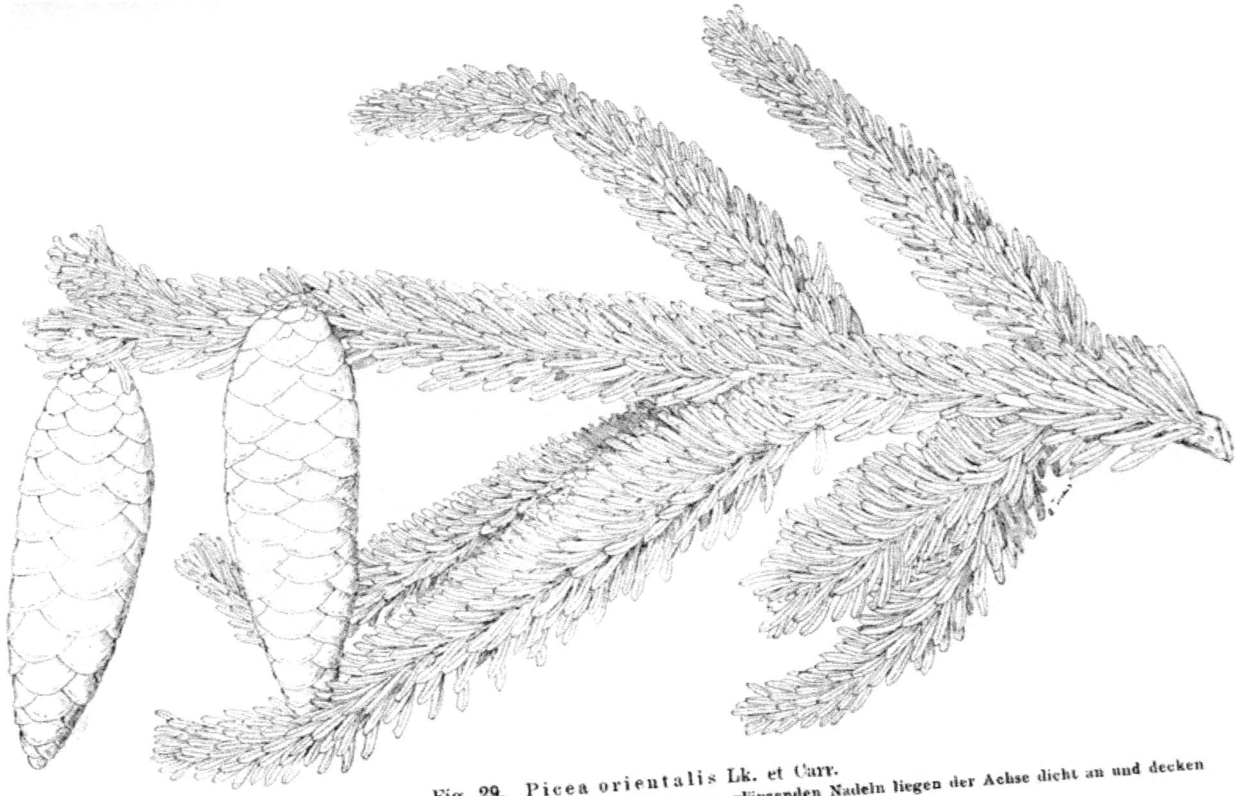

Fig. 29. Picea orientalis Lk. et Carr. Die kurzen, glänzenden Nadeln liegen der Achse dicht an und decken sie ganz. Natürl. Grösse. Zweig mit nahezu reifen aber noch geschlossenen, grünen Zapfen.

der jungen Zweige treten Harztropfen aus („Sapindus-Thränen"), die gesammelt werden.

Die hängenden, zur Reifezeit nur 6—8 cm langen, dünnwalzigen Zäpfchen ähneln sehr jenen der P. alba coerulea. Die Schuppenränder sind ganz glatt und gerundet.

Die Samen sind fast schwarz und nur 4 mm lang, die Keimlinge sehr zierlich mit 7—9 ca. 15 mm langen, schwach gesägten Cotyledonen und schwach gesägten Primärblättern.

Eine empfehlenswerte dicht buschige, oft kugelige Zwergform ist f. pygmaea, eine Farbenform ist die in den jungen Trieben goldgelb erscheinende aurea.

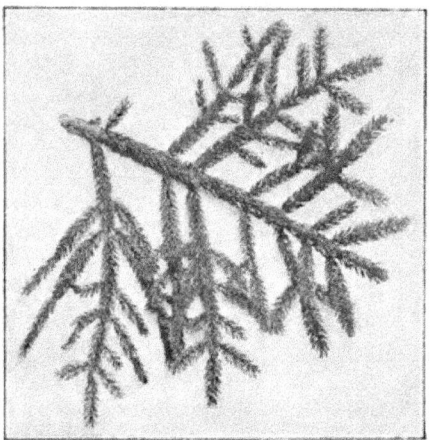

Fig. 30. Picea orientalis Lk. et Carr.
Wirkliche Zweig-Länge 19½ cm.

Picea polita Carr., Torano-Fichte. Ein seltener, nur im mittleren Japan, vereinzelt im Laubwald eingesprengter, über 30 m hoher Waldbaum, der durch seine Benadelung sehr gut charakterisiert ist. Die Nadeln sind nämlich sehr derb und scharf stechend, stehen allseits vom Aste starr ab, haben rhombischen Querschnitt mit Spaltöffnungen auf allen vier Seiten. Es wurde deshalb diese Fichte als sicher vor Wildverbiss auch zum Schutze für Kulturen zum forstlichen Anbau empfohlen, sie leidet jedoch in strengen Wintern und scheint auch langsam wüchsig zu sein. Die hellbraunen Triebe und Knospen sind sehr derb und die Triebe kahl. Die Zapfen sind hängend, vor dem Vertrocknen grün, mit gelblichen, wenig ausgezähnten Schuppenrändern. Sie sind 8—12 cm lang. Die derben Knospen entfalten sich erst sehr spät, wodurch dieselben wenigstens vor Spätfrösten im Frühjahr gesichert sind.

Fig. 31. Picea polita Carr.
Wirkliche Zweiglänge 19½ cm, Abbildung also etwas grösser wie ⅔ natürl. Grösse.

Picea Alcockiana Carr. (syn. P. bicolor Maxim.). Eine seltene, nur in höheren Bergen in Centraljapan im Mischwalde verbreitete Fichte mit rotbraunen behaarten jungen Trieben und vierkantigen stechenden Nadeln. Die Spaltöffnungen tragenden weissen Streifen sind nur auf der morphologischen Nadeloberseite deutlich. Diese Seite ist aber an Seitenästen vielfach nach der Zweig-Unterseite wie in Fig. 32 gewendet. Die aufrecht stehenden violetten weiblichen Blüten wachsen zu einem 9—12 cm langen, hängenden Zapfen heran. Dieser ist zur Reifezeit vor der Vertrocknung bläulich-rot mit mennig-roten Schuppenrändern.

Zu ihr wird acicularis Max. als Hochgebirgsform und japonica Reg. gezogen.

Picea Glehni Schmidt. Im südlichen Teile der Insel Sacchalin und im Süden der nordjapanischen Insel Eso, im Westen bis ca. 30 m Höhe erreichend, ist dieser Waldbaum sehr verbreitet. Seine Nadeln haben rhombischen Querschnitt mit Spaltöffnungen auf allen vier Seiten, doch besonders auf der Oberseite ausgebildet. Er steht der P. Omorika nahe, hat hängende bläulich-rote Zapfen mit hellroten Schuppenrändern. Die Zapfen werden ca. 6 cm lang. Die braunen Triebe sind stark behaart. Die sehr kurzen Nadeln sind rechtwinkelig abstehend.

Fig. 32. Picea Alcockiana Carr.
Wirkliche Zweiglänge 21 cm.

Picea Omorika Panc. Die Omorika-Fichte und die japanischen P. Alcockiana und Glehni sind sich durch die kräftigen vierkantigen Nadeln, welche die meisten Spaltöffnungen auf den zwei Oberseiten tragen, besonders ähnlich und stehen durch letzteres Merkmal auch den japanischen Hondoënsis, Ajanensis und der amerikanischen sitchensis nahe, doch ist bei diesen Fichten der Nadelquerschnitt mehr zweiflächig wie bei den Tannennadeln. Alle zusammen bilden die Sektion Omorika gegenüber den übrigen in der Sektion Eupicea vereinten Arten.

Die Omorika-Fichte kommt in Bosnien, Serbien und dem Rhodopegebirge in Südbulgarien vor. Sie tritt einzeln in dem Hochwald von ca. 1000 bis ca. 1200 m auf in Mischung mit der Schwarzkiefer, gemeinen Kiefer, Tanne, Fichte, Buche, Bergahorn und wird hier auf guten Standorten 30 bis über 40 m hoch. Sie fällt durch ihren schmal pyramidenförmig aufstrebenden Habitus auf.

Ihre Benadelung ist graugrün, die Nadeln sind an blühenden und an nichtblühenden Aesten schwach vierkantig, fast tannenartig flach mit zwei weissen Spaltöffnungsreihen auf der morphologischen Oberseite, die jedoch oftmals abwärts gekehrt ist. Die braunen Zweige sind dicht behaart. Die Zapfen sind grün mit violettem Hauche und hängend. Sie entwickeln sich teils aus End-, teils aus Seitenknospen. Die trockenen Zapfen sind dunkelrotbraun, lang eiförmig, 2—7 cm lang. Auf ihren Schuppen ist ein roter, in Wasser löslicher Ueberzug. Die Samen sind sehr

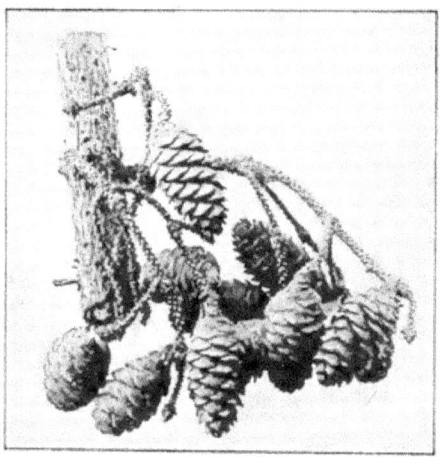

Fig. 33. Picea Omorika Panc.
Die Länge der einzelnen Zapfen beträgt 4 - 4½ cm.

dunkelbraun und 2—3 mm lang. Die Keimlinge haben sechs ca. 9 mm lange dreikantige Cotyledonen mit den Spaltöffnungsreihen auf den zwei oberen Seiten. Die Primärblätter sind innen, also oben, mit den Spaltöffnungsstreifen versehen und wie die Cotyledonen ohne oder mit sehr geringer Randbezahnung. Das Holz dürfte kaum von dem unserer Fichte verschieden sein und besteht kein besonderes Bedürfnis, diese Art bei uns forstlich zu kultivieren, zumal sie in der Jugend sehr langsam wüchsig ist. Zapfentragende Bäume stehen z. B. in Hannover, Münden.

Picea Hondoënsis Mayr. Eine auch in ihrer Heimat, der höchsten Bergregion des centralen Japan seltene, vereinzelt auftretende, höchstens 30 m hohe Fichte mit stets violett verharzten

Knospen, braunen Trieben, vor der Reife grünen, etwas gekrümmten, 6—7 cm langen Zapfen, rötlichem Kernholze und tannenähnlich flachen Nadeln mit den zwei weissen Spaltöffnungsreihen auf ihrer Oberseite.

Picea Ajanensis Fischer. Diese der vorigen Art sehr ähnliche Fichte unterscheidet sich von ihr besonders durch gelbbraune, stets unverharzte Knospen, die gelbgrüne Farbe auch der älteren Zweige, die nicht gekrümmten Zapfen, ungefärbtes Kernholz, die stets unverdickten Nadelkissen. Sie wird bis 60 m hoch, tritt in ausgedehnten reinen Beständen und Mischwaldungen auf und ist in den Gebirgen von ganz Eso heimisch, besonders in den westlichen und centralen Gebirgen, geht aber herab bis zur Westküste, kommt auf den Kurilen, Sachalin und dem asiatischen Festlande vor, von Ajan bis zum Amurgebiete.

Zu ihr ist sowohl microsperma Lindl. wie jesoënsis Sieb. et Zucc. zu ziehen.

Picea sitchensis Bong. (syn. P. Menziesii Carr.), Sitcha-Fichte. Ein Waldbaum des westlichen Nordamerika, welcher vom nördlichen Californien bis Alasca vorkommt und besonders auf der Insel Sitcha und südlich von ihr an den Küsten und

Fig. 34.
Picea Ajanensis Fisch. Reifer geöffneter Zapfen; ganz übereinstimmend mit den Zapfen von P. sitchensis. Nat. Grösse.

den Gebirgen bis über 2000 m auf frischen Standorten und an Flussufern verbreitet ist. Er wird daselbst bis 80 m hoch und 2—3 m stark. An der Küste kommt er mit Thuja gigantea und Tsuga Mertensiana vor. Diese Holzart ist durch sehr feine, aber dennoch steife und scharf stechende Nadeln, die starr vom Zweige abstehen und oberseits die zwei weissen Spaltöffnungsreihen tragen, charakterisiert. Da sich die Nadeln der oberen Triebseite bei Seitenzweigen meist umdrehen, wenden sie die weissen Streifen abwärts. Sie haben oben und unten einen erhabenen Mittelnerv.

Ihre hellbraunen, dünnschuppigen, 6—8 cm langen Zapfen haben in trockenem Zustande längsgerillte Schuppen mit ausgefressenen Rändern.

Die Samen sind nur 2—2½ mm lang, mit schmalem Flügel

versehen. Die sehr kleinen **Keimlinge** tragen fünf ca. 8—9 mm lange dreikantige, auf den zwei oberen Flächen mit weissen Spaltöffnungsbahnen versehene ganzrandige Cotyledonen und ganzrandige, scharf- und gelbspitzige, ebenfalls oberseits die zwei weissen Spaltöffnungsbahnen tragende Primärblätter.

Die **Triebe** sind gelblich und unbehaart, die **Knospen** sind glänzend, hellgelb.

Das **Holz** ohne gefärbten Kern hat in Amerika eine ausgedehnte Verwendung wie das Holz anderer Fichten zu Schwellen, Telegraphenstangen, als Bau- und Schreinerholz etc. — In Deutschland ist dieser Waldbaum viel in Parkanlagen und ausgedehnt im Walde angebaut. Seine Kultur hat besonders in Preussen sehr befriedigt. Er zeigte dort freudiges Gedeihen, besonders auf frischen bis feuchten, stark humosen und selbst stark anmoorigen Böden, selbst an Orten, die unserer Fichte zu feucht sind, doch hat sein Anbau auch noch auf ziemlich trockenem, nur schwach lehmigem Sandboden bis zum strengen Lehmboden vollständig befriedigt, und zwar sowohl in der norddeutschen Ebene wie auf den Bergen der Sudeten, des Taunus und Westerwaldes. Er war der gemeinen Fichte nach den ersten zwei Jahren bedeutend vorwüchsig. Er hat grösseres Lichtbedürfnis wie diese und ist in der Jugend, im Frühjahr und in schneearmem Winter gegen Trocknis empfindlich. Im Saatbeet, wo diese Fichte leicht ausfriert und in den ersten zwei Jahren sehr langsam wächst, muss ihr besondere Sorgfalt zugewendet werden. Sie wird zweijährig verschult und vier- bis sechsjährig in den Wald gepflanzt.

Abies, Tannen.

Die Tannen sind überall, wo sie auftreten, wichtige, hohe Waldbäume mit mehrjähriger Benadelung, mehr schattenertragend wie die Fichten. Ihre männlichen Blüten werden zahlreich aus Blattachselknospen der vorjährigen Triebe gebildet. Die Staubbeutel öffnen sich mit einem Querspalt. Die Pollenkörner sind geflügelt. Die weiblichen Blüten entwickeln sich aus Seitenknospen der vorjährigen Triebe zu aufrecht stehen bleibenden, im ersten Jahre reifenden Zapfen, deren Schuppen sich zur Reifezeit von der Spindel ablösen und mit den geflügelten Samen abfallen. Die Samen sind mit dem Flügel verwachsen und von demselben zum grossen Teile auch unterseits bedeckt. Ihre weiche Samenschale enthält Harzlücken. Sie haben nur kurze Keimdauer, sind gegen Druck empfindlich und daher alsbald zu säen. Die Keimlinge haben mehrere grosse, nadelförmige, oberseits zwei Spaltöffnungsreihen tragende Cotyledonen und ähnliche kleinere, mit ihnen abwechselnd stehende Primärblätter mit den zwei weissen Spaltöffnungsreihen unterseits. Die ebenso geformten Nadeln sind mit scheibenförmigem Blattgrunde der Rinde eingefügt und lassen daher beim Abfall eine napfförmige Narbe zurück.

Wir haben in Deutschland nur eine Art, Abies pectinata.

Japanische Tannen sind: A. firma, umbilicata, homolepis, Veitchii, Mariesii, Sachalinensis.

Asiatische Tannen des Festlandes: A. holophylla, Webbiana, Pindrow, sibirica, cilicica, (in China, Himalaya, Sibirien, Kleinasien).

Nordamerikanische Tannen: Im Westen: A. amabilis, subalpina, nobilis, concolor, bracteata, grandis, magnifica.

Im Osten: A. Fraseri. Im ganzen Norden, von Ost bis West: A. balsamea. Im Süden: A. religiosa.

Europäer: A. pectinata, cephalonica, Pinsapo, Nordmanniana (auch in Klein-Asien).

Nordafrikaner: A. numidica.

Die Zapfen der Tannen kann man nach der Farbe, die sie vor der Reife haben, in drei grosse Gruppen teilen (wie es Mayr thut).

1. Die Zapfen sind grün oder gelbgrün bei: Abies pectinata, Nordmanniana, cephalonica, Pinsapo, concolor, numidica, cilicica, firma, umbilicata, bracteata, grandis, magnifica etc.
2. Die Zapfen sind blau bis purpurrot bei: Abies Webbiana, Pindrow, Veitchii, Mariesii, amabilis, nobilis, Fraseri, religiosa etc.
3. Die Zapfen sind olivengrün oder graugrün und graublau bei: Abies Sachalinensis, Pichta, balsamea, subalpina.

Es mag diese Uebersicht zur praktischen Bestimmung mit benützt werden, wenn sie auch die systematisch nahestehenden Arten trennt und in der letzten Abteilung graublaue und olivengrüne Zapfen beisammen stehen lässt.

Oder man kann die Zapfen nach der Grösse der Schuppen, die sie zur Reifezeit haben, gruppieren:

1. Zapfen mit glatter Oberfläche, ohne vorschauende Deckschuppen: A. cilicica, sibirica, amabilis, grandis, concolor, Pinsapo, subalpina, balsamea, numidica, Webbiana, umbilicata, homolepis, Mariesii.
2. Zapfen, bei denen die Deckschuppen über die Samenschuppen hervorragen: A. nobilis, Fraseri, pectinata, religiosa, Nordmanniana, cephalonica, bracteata, firma.

3. Zapfen mit bald nicht, bald wenig vorsehenden Deckschuppen: magnifica, Veitchii, Sachalinensis.

Die Tannen machen Ansprüche an Bodenfrische und Luftfeuchtigkeit. Ihr Stand ist der dichte Wald, in dem sie langsam aufwachsen. Vor trocknendem Winde sind sie vor allem zu schützen, besonders junge Exemplare sind empfindlich, sobald sie über die schützende Schneedecke hervorragen. Sie bauen sich, bis zum Boden tief beastet, mit üppigem Laub und regelmässiger, fast quirlförmiger Beastung dekorativ auf und sind daher einzelständig auf Rasenflächen sehr zu empfehlen. Man erzieht sie am besten aus Samen. Stecklinge werden nur zur Erhaltung besonderer Formen gemacht. Dagegen werden die selteneren Arten vielfach auf harte Arten gepfropft. Um Gipfeltriebe hiezu wie zu den Stecklingen zu gewinnen, entgipfelt man die zu vermehrende Pflanze, damit sich aus Seitenknospen der Aeste mehrere Gipfeltriebe entwickeln. Man kann so immer wieder neue Gipfeltriebe erziehen. Am schönsten sind die normalen Formen und die dunkelgrünen und blaugrünen Farbenformen, während die absonderlichen Wuchsformen weniger dekorativ sind.

Abies pectinata DC., Edeltanne, Weisstanne.*) Die Tanne ist nächst der Fichte und Kiefer der wichtigste deutsche Nadelwaldbaum, der sich jedoch in Beständen wenig über sein natürliches Verbreitungsgebiet ausgedehnt hat, sondern darüber hinaus mehr in Mischung mit Fichte, Buche und Kiefer vorkommt. Sie hat ihre Nordgrenze in den westlichen Pyrenäen unter dem 43.°, zieht dann über die Gebirge der Auvergne durch die Bourgogne, das franz. Lothringen über Nancy zu den Vogesen gegen Strassburg. In Deutschland tritt sie bestandbildend besonders in Lothringen, im Schwarz-, fränkischen, bayerischen Wald, in Thüringen, Württemberg, Oberbayern, im Jura und in den Alpen auf. In Norddeutschland fehlt sie von Natur und ist auch wenig kultiviert. Sie ist eine entschiedene Holzart der Mittelgebirge, die Ansprüche an tiefgründigen, frischen und guten, besonders thonigen Boden macht. Sie ist empfindlich

---

*) **Figurenerklärung von Fig. 35 Abies pectinata:** 1. Weibliche Blüte aus einer Blattachselknospe auf der Zweigoberseite gebildet und aufrecht stehend. 2. Grosse Deckschuppe und kleine, Ovula tragende Samenschuppe aus dieser Blüte. 3 und 5. Schuppen des reifen Zapfens von aussen mit der grossen Deckschuppe (3) und von innen. 4. Entflügelter Tannensamen von oben. 6. Geflügelter Tannensamen von unten. 7. Reifer Zapfen. 8. Zapfenspindel nach Abfall der Schuppen und Samen. 9. Keimling mit grossen Cotyledonen, kleineren Primärblättern und der Endknospe. 10. Triebende mit Gipfelknospe und 2 Quirlknospen, Zweig mit den Blattnarben und deutlicher Behaarung. 11. Nadel von unten mit 2 weissen Spaltöffnungsstreifen. 12. Männliche Blüten aus Blattachselknospen der Zweigunterseite. Alles natürl. Grösse.

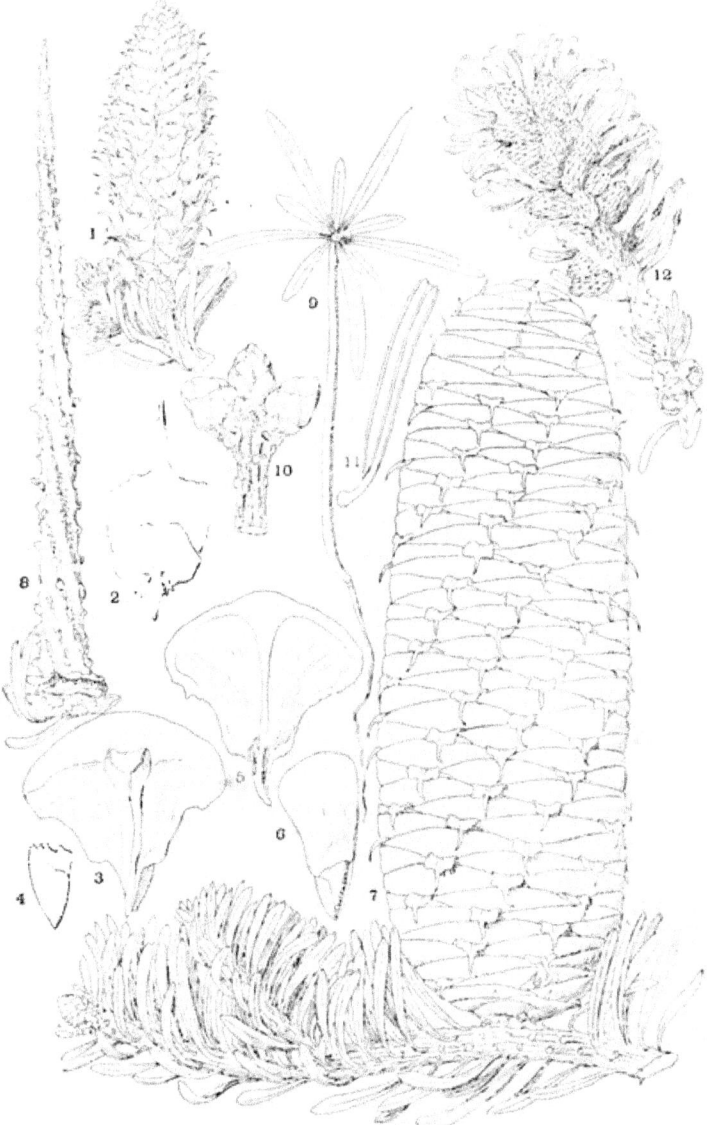

Fig. 35. Abies pectinata DC.

gegen trocknende Winde, Früh- und Spätfrost, dagegen sehr widerstandsfähig gegen Schneedruck und sehr reproduktionskräftig bei allen Verletzungen.

Die Tanne erträgt nächst dem wirtschaftlich unwichtigen Taxus am meisten Schatten und ist daher vorzüglich geeignet zu natürlicher, langsamer Verjüngung, bei der sie in der Jugend den Schutz des Mutterbestandes geniesst, ohne unter dem Lichtentzug durch denselben zu leiden.

Sie geht in den Pyrenäen ca. 2000 m hoch, im Schwarzwald ca. 1300 m hoch, im bayerischen Walde ca. 1200 m und bevorzugt in tieferen Lagen die mehr östliche, in den höchsten aber die südliche Exposition.

Durch ihre tiefgehende Bewurzelung ist sie sturmfester wie die flachwurzelnde Fichte.

Für Garten- und Parkanlagen ist auf guten, frischen Böden und von Frösten nicht gefährdeten Lagen die Tanne ein schöner Einzelbaum, wird aber von der Nordmannstanne an Schönheit und Sicherheit gegen Spätfrost übertroffen und ersetzt. Sie bleibt im Freistande tief beastet, reinigt sich im Bestande hoch hinauf völlig von den Aesten und bildet einen vollholzigen Schaft bis über 50 m. Sie erreicht 4—500jähriges Alter.

Sie dient als Unterlage für andere aufzupfropfende Tannenarten, welche mit Gipfelzweigen auf Gipfeltriebe gepfropft werden.

Die Tanne trägt ihre **männlichen Blüten** in kugeligen Knospen in den Blattachseln auf der Triebunterseite. Die gestreckten, gestielten Blüten sind grünlich-gelb, fallen nach dem Ausfliegen der mit Flugblasen versehenen Pollenkörner ab und hinterlassen einen napfförmigen Rest der Knospe, der sich noch jahrelang erhält.

Die hellgrünen **weiblichen Blüten**, auf die oberste Baumkrone beschränkt, entwickeln sich im Mai aus einzeln, in der Mitte des vorjährigen Triebes oberseits stehenden Knospen und bleiben auch nach der Bestäubung und Befruchtung aufrecht stehen. Ihre Deckschuppen mit steif und lang vorstehender Mittelrippe sind viel grösser wie die unscheinbaren und versteckten Samenschuppen. Zur Reifezeit, die im ersten Herbste eintritt, sehen sie zwischen den unterdessen herangewachsenen Samenschuppen noch mit der Spitze, die im unteren Zapfenteile zurückgeschlagen ist, hervor. Die 10—16 cm langen **Zapfen** werden nach der Reife braun, sind walzig mit eingedrückter Spitze und zerfallen alsbald (Ende Sept. bis Anfang Okt.), indem sich die Schuppen von der noch jahrelang stehen bleibenden Spindel ablösen und mit den Samen abfliegen.

Die dreikantigen weichen Samen sind mit dem derben Flügel verwachsen und von ihm oberseits vollständig und unterseits bis etwa auf ein Drittel bedeckt, das heisst der Flügel hat sich überall da ausgebildet, wo der Same frei und nicht mit der Samenschuppe verwachsen war. Die Samenschale ist reich an Terpentinbeulen, deren Zerdrücken die Keimfähigkeit herabsetzt. Man versendet daher Tannensamen nicht in Säcken, sondern in festen Behältern womöglich mit Häcksel oder Schuppen gemischt. Die Keimfähigkeit hält der Same gut nur bis zum Frühjahr und wird daher meist schon im Herbste gesäet.

Die Tanne wird mit dem 70.—80. Jahre mannbar und trägt alle 2—3 (6—8) Jahre Zapfen.

Der Same keimt bei Frühjahrssaat nach drei Wochen.

Der Keimling entfaltet 5—6 ca. 20—30 mm lange flache, unterseits glänzend grüne, oberseits zwei helle Spaltöffnungsstreifen tragende Cotyledonen und gleich viel, mit diesen alternierende, nur 10—15 mm lange, oben grüne, und unten zwei Spaltöffnungsreihen tragende, Primärblätter. Darauf schliesst der Keimling mit einer Gipfelknospe ab. Im zweiten Jahre bildet er einen aufrechten Trieb und endet mit einer Gipfel- und einer bis zwei Quirlknospen. Das dritte Jahr beginnt mit dem Anstreiben der ersten Seiten-(Quirl-)Aeste.

Da ein Teil der Nadeln an den Zweigen Achselknospen trägt, bilden sich stets zahlreiche Seitenzweige. Ein Teil der Knospen bleibt jedoch schlafend und treibt nur bei Verletzungen aus, die grosse Reproduktionsfähigkeit der Tanne verursachend.

Die Nadeln stehen an beschatteten Seitenzweigen gescheitelt (pektinat), wenn sie auch spiralig um den ganzen Trieb angewachsen sind. In der Krone sind sie aufgekrümmt und einspitzig, während sie sonst eine gekerbte Spitze haben. Sie tragen unterseits zwei weisse Spaltöffnungsreihen und leben 6—9 Jahre.

Die Zweige der Tanne sind mit abstehenden braunen Härchen dicht bedeckt. Sie enden mit einer End- und 2, selten 3 Seitenknospen. Die Aeste stehen mehr rechtwinkelig vom Stamme ab, während jene der Fichte geschwungen sind. In der Krone bildet die aufstrebende Beastung ein grosses kreiselförmiges Nest, auf welchem die aufrechten Zapfen wie auf einem Kronleuchter sitzen.

Die Rinde der Tanne bleibt lange glatt und ist reich an Harzbeulen, deren Terpentin gewonnen und als Strassburger Terpentin in den Handel kommt. In den äusseren Kork- (Periderm) schichten siedeln sich zahlreiche Krustenflechten an und verursachen die weisse Rindenfarbe. Die erst nach dem 60.—80. Jahre sich bildende dicke Borke weist tiefe Längsrisse und Querrisse auf, so dass rechteckige Borkeschuppen entstehen.

Das Holz ist nicht ganz so weiss wie das der Fichte, doch auch ohne sichtbaren Kern und unterscheidet sich von dem Holz der Fichte durch den völligen Mangel an Harzkanälen. Es steht dem Holze der Fichte wenig nach und hat alle Verwendungsarten als Nutzholz wie dieses.

Die Wurzel bildet in tiefgründigem Boden frühzeitig eine starke Pfahlwurzel.

Von einschneidendem Einfluss auf die Tannenwirtschaft ist das Vorkommen des Tannenkrebses und der Tannenhexenbesen (verursacht durch einen Pilz, Aecidium elatinum), und der an den Krebsbeulen sich ansiedelnden holzzersetzenden Schwämme Polyporus Hartigii und Agaricus adiposus, da die Stämme den Nutzholzwert verlieren und vielfach an den Krebsstellen gebrochen werden. Rechtzeitiges Ausschneiden der Hexenbesen und Fällen der beulentragenden Stämmchen ist hier notwendig. Grossen Schaden thut auch die Mistel (Viscum album), da durch ihre später ausfaulenden Senkerwurzeln die Nutzholzstämme oft auf grossen Strecken wie von einem Schrotschuss durchlöchert erscheinen.

Man unterscheidet folgende Wuchsformen der Tanne: f. virgata, die Schlangentanne mit schlaff hängenden rutenförmigen Aesten; pendula, Hängetanne, alle Zweige häugen; columnaris, Säulenform; stricta, dichte, kugelige Pyramide; pyramidalis, schlanke Säule.

Zwergformen: brevifolia mit kurzen Nadeln; tortuosa mit sparrigem Wuchs.

Blattformen: tenuifolia mit sehr flachen, dünnen Nadeln.

Zapfenformen: tenuiorifolia mit sehr grossen Zapfen und langen, dünnen Nadeln.

Farbenformen: variegata, buntblätterig; aurea mit einzelnen gelben Nadeln.

Endlich unterscheiden Ascherson und Sintenis eine Form im nordwestlichen Kleinasien mit fast einspitzigen Nadeln, breiten Zapfen und langen Deckschuppen als f. Equi Trojani.

Abies Nordmanniana LK., Nordmannstanne. Diese Tanne bildet Bestände in der mittleren und oberen Waldregion der Gebirge vom westlichen Kaukasus bis Armenien bis etwa 2000 m hinauf und erscheint daselbst auch in Mischung, besonders mit Picea orientalis. In der Jugend ist sie sehr langsam wüchsig, später aber viel schnellwüchsiger, und wird in 100 Jahren 36 m hoch. Sie wird daher erst mit 6—8 Jahren in den Wald gebracht. Wo sie Bestände bildet, verjüngt sie sich natürlich wie unsere

Tanne, der sie im Ertragen des Lichtentzuges in dichtem Walde gleichkommt. Ihre Ansprüche an den Boden sind etwas geringer wie die der Weisstanne, doch gedeiht auch sie nur auf frischen und kräftigen Böden gut und verhält sich auch im übrigen der Weisstanne gleich. Sie leidet im Freistande sehr unter trocknenden Winden und ist daher nur an geschützten, frischen Orten freiständig zu ziehen, bietet dann aber einen überaus dekorativen Baum, der durch die Dichte seiner Benadelung wie Beastung zu den schönsten Tannen gehört. Im Walde ist sie im Bestande in Lücken oder unterständig wie die Weisstanne zu erziehen.

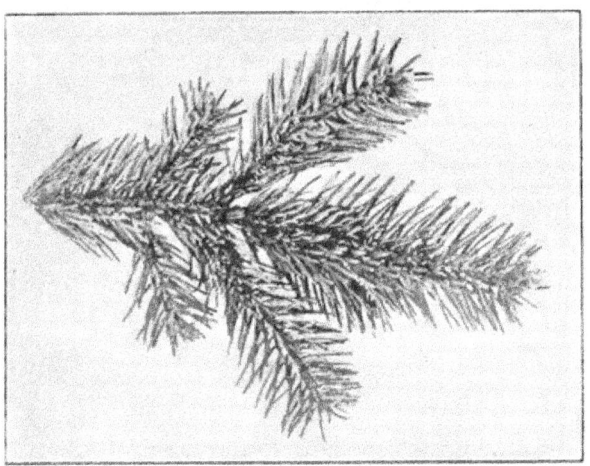

Fig. 36. Abies Nordmanniana Lk.
Zweig von oben mit dichter Benadelung, welche die Triebachse deckt.

Zapfen, Samen und Keimlinge sind denen der Weisstanne sehr ähnlich, sehr verschieden ist dagegen die Belaubung.

Die üppigen, breiten Nadeln liegen auf der Zweigoberseite breit auf, mit der Spitze nach der Zweigspitze gerichtet. Infolgedessen ist die Triebachse völlig gedeckt.

Die Zweige haben ausser der Endknospe und den zwei Seitenknospen, die wie bei der Weisstanne in einer Ebene stehen, meist noch eine vierte Knospe, die nach abwärts gerichtet ist und einen Zweig entwickelt, der den Raum vom oberen zum unteren Aste füllt. Auf diese Weise wird auch der Stamm ganz verdeckt. Die tiefe Beastung erhält sich im Freistande viel länger wie bei unserer Tanne.

Die Rinde und Borke ist der unserer Tanne ähnlich. Das Holz in der Heimat derselben ist ebensogut, und auch der Zuwachs steht dort nicht nach.

Der grösste Vorzug vor unserer Tanne besteht darin, dass die Knospen sich im Frühjahr etwa 14 Tage später entfalten. Hiedurch ist sie weniger der Gefahr der Spätfröste ausgesetzt.

Im Walde ist ihr grösster Feind das Wild, vor dem sie wie die meisten Exoten besonders geschützt werden muss.

Fig. 37. Abies Nordmanniana Lk.
Zweig von unten. Im letzten Quirle stehen 4 Aeste, von denen 3 etwas aufwärts, der 4. horizontal oder schwach abwärts wächst.

Sie hat bei zahlreichen forstlichen Anbauversuchen in Bayern wie in Preussen vollständig befriedigt, ohne so grosse Vorzüge zu besitzen, dass sie an Stelle unserer Tanne im grossen angebaut würde, doch wird sie besonders aus dekorativen Gründen stets geschätzt bleiben.

Schöne Horste wachsen in den Waldungen bei Freising, einzelständige Exemplare wachsen gut und sind völlig frosthart am Tegernsee und bei Grafrath in Oberbayern.

Von Wuchsformen wird eine Hängeform (pendula) und eine besonders dichte, üppige Form (robusta) und eine mit besonders aufgerichteten Blättern (refracta) unterschieden. Als Blattform ist brevifolia mit kurzen Blättern erwähnt. Von Farbenformen werden eine blaugrün belaubte (glauca), eine goldgelbe (aurea), eine mit gelbspitzigen Blättern (aureo-spica) und eine mit sehr leuchtenden weissen Streifen der Blattunterseite (coerulescens) erwähnt, ferner werden Bastarde zwischen Nordmanniana und Pinsapo unter den Namen speciosa und insignis angeführt.

Abies cephalonica Loud., griechische Tanne. Die griechische Tanne kommt nach Willkomm in der Hauptform auf dem Berge Enos der jonischen Insel Kephalonia vor, wo sie zwischen 900 und 1300 m Bestände bildet. In der Varietät parnassica Henk. (syn. Apollinis Lk.) auf den Hochgebirgen Griechenlands zwischen 700 und 1500 m in reinen Beständen oder in Mischung mit Pinus Laricio, Pinaster und Fagus silvatica, in der Varietät arcadica Henk. (syn. reginae Amaliae Heldr.) besonders auf den Gebirgen Arkadiens zwischen 1000 und 1300 m.

Fig. 38. Abies cephalonica Loud. Wirkliche Zweiglänge 23 cm, Figur also etwa ⅓ natürl. Grösse.

Sie wird ein Waldbaum von ca. 20 m Höhe, der in luftfeuchten und bodenfrischen Orten auch in Deutschland gut gedeiht und z. B. auf der Passhöhe des Prinzenweges am Tegernsee in ca. 1100 m Höhe zwar durch Schneedruck, nicht aber durch Frost zu leiden hat. Sie vertrocknet jedoch leicht im Freistand bei austrocknendem Winde und verlangt luftfeuchten Stand im Walde wie alle Tannen.

Ihr wichtigstes Kennzeichen sind die grün glänzenden schmal lancettförmigen, sich also nach ihrer Spitze und Basis hin verschmälernden einspitzigen, stechenden, steifen Nadeln.

Die Zapfen werden bis 20 cm lang, verjüngen sich beidendig und lassen die Deckschuppen zur Reifezeit noch vorsehen. Bis zur Reife bleiben sie grün, dann werden sie braun.

Samen und Keimlinge sind denen der Weisstanne sehr ähnlich.

Die Knospen sind fast pyramidenförmig und mit glänzendem Harz überzogen.

Zwischen cephalonica und Pinsapo soll ein Bastard künstlich erzogen worden sein. Ausserdem unterscheidet man eine Farbenform mit gelblicher Belaubung als aurea, eine Form mit einzelnen gelbbunten Trieben als aureo-variegata, ferner als besonders üppige Wuchsform robusta und eine Zapfenform submutica, bei der die Deckschuppen im mittleren Zapfenteile nicht vorsehen.

Abies Pinsapo Boiss., die spanische Tanne. Ein Waldbaum der Gebirge zwischen 970 und 1150 m in der Sierra de Ronda der Provinz Malaga noch in Beständen verbreitet. Die spanische Tanne wird dort noch 25 m hoch und hatte früher eine grössere Verbreitung. Sie ist eine der dekorativsten Tannen, die im Freistande durch die Regelmässigkeit des Wuchses und besonders der quirlständigen Beastung araucarienähnlich wirkt. Sie verdient daher überall in Parkanlagen kultiviert zu werden, wo sie vor starker Kälte und trocknenden Winden geschützt ist. An anderen Orten findet man selbst grössere Bäume stark geschädigt. So sahen im Frühjahr 1893 an vielen Orten Deutschlands (z. B. auch die grossen Bäume des Berliner botanischen Gartens) die Bäume völlig rot, wie verbrannt, aus und dürften grossenteils zu Grunde gegangen sein. Tadellos erhielten sie sich jedoch damals z. B. in Heidelberg, Bozen, Meran, Miramare und anderen klimatisch bevorzugten Orten, wo diese Tanne ein schnellwüchsiger, tief beasteter Baum wird.

Ihre Zapfen sind denen unserer Edeltanne äusserst ähnlich, ihre Deckschuppen sind aber kürzer wie die Samenschuppen und sehen nicht zwischen diesen hervor. In ihrer Heimat blüht sie im April und reift im Herbste. Ebenso verhält sie sich in Bozen. Besonders schön sind die in üppiger Fülle entwickelten, beim Aufbrechen purpurroten männlichen Blüten auf den Zweigunterseiten. Vor allem charakteristisch für diese Tanne ist die dicke, derbe, allseits vom Zweige starr abstehende Benadelung, welche sie von allen anderen Arten gut unterscheidet.

Sie kommt in einer Hängeform (pendula) vor und in Farbenformen, so blaugrün (glauca), silberblau (argentea) und gelbbunt (variegata).

Abies numidica de Lann. Diese Hochgebirgstanne der Gebirge Algiers tritt dort mit Cedrus atlantica zwischen 1600 und 2000 m auf. Sie steht zwischen A. Pinsapo und cilicica, hat nicht stechende, dicke, an aufrechten Trieben allseits abstehende Nadeln und viel grössere (16—20 cm lange) Zapfen wie Pinsapo. Sie wird ca. 20 m hoch. Die Zapfen lassen die Deckschuppen nicht vorsehen.

Abies cilicica Carr. In den Gebirgen Kleinasiens mit Cedrus Libani zwischen 1300 und 2000 m Bestand bildend. Sie wird 20

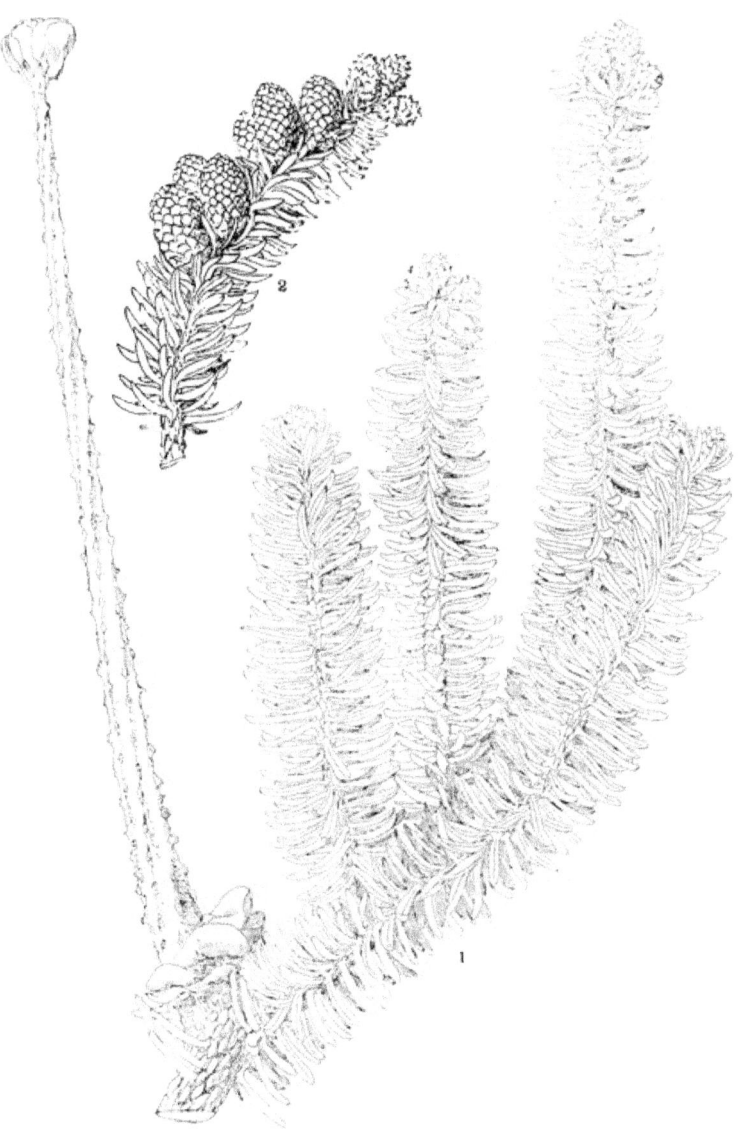

Fig. 39. Abies Pinsapo Boiss.
1. Zapfentragender Zweig. Die Zapfenschuppen sind bereits abgefallen, nur die Spindel blieb stehen. Die Nadeln stehen allseits um den Zweig. 2. Zweig mit männlichen Blüten auf der Zweigunterseite. Natürl. Grösse.

bis 30 m hoch. Eine schnellwüchsige, dekorative, sehr regelmässig wachsende, harte Tanne. Die Nadeln haben gekerbte Spitzen. Die 20—25 cm langen Zapfen lassen die Deckschuppen zur Reifezeit nicht vorsehen.

Abies sibirica Led. (syn. A. Pichta Fisch.), sibirische Pechtanne. Ein Waldbaum, der besonders in Sibirien in Beständen erscheint, im Altai zwischen 650 und 1300 m Waldungen bildet, aber noch bis 1700 m vorkommt und im Sajangebirge bis 2600 m auftritt; er kommt in rauhen, feuchten, kalten Lagen vor und ist in der Jugend eine sehr langsam wüchsige Holzart, die, verhältnismässig kurz beastet, einen schmalen aufstrebenden Baum bildet. Die Aeste hängen schlaff abwärts und auch die Nadeln, dicht den Zweig deckend und nach der Zweigspitze gerichtet, machen einen schlaffen Eindruck. Die kugeligen Knospen sind mit aromatisch duftendem Harz übergossen. Sie wird in ihrer Heimat mit 150 Jahren 30—40 m hoch, bleibt bei uns aber niederer und erreicht nur 10—15 m. In Bayern hält sie in den Alpen bis jetzt (10 Jahre) gut aus und leidet überhaupt nur unter trocknenden Winden. Sie wächst dagegen recht gut in den wärmsten Lagen, z. B. in Unterfranken (Amorbach) und in Bozen. Zu forstlichen Anbauversuchen ist sie nur in den Alpen verwendet für Lagen oberhalb der Fichten- und Tannengrenze. In der Ebene treibt sie frühzeitig aus.

_{Zu ihr wird als Varietät A. nephrolepis gezogen, die von anderen als besondere Art A. nephrolepis Max. betrachtet wird und in der russischen Mandschurei zu Hause ist. Andere ziehen nephrolepis zu A. Veitchii var. mandschurica und nikkoënsis. Sie wird in einer gedrungenen regelmässigen Form mit hellrandigen Nadeln (elegans) kultiviert.}

_{Von der Abies sibirica werden als Formen unterschieden: pyramidalis mit aufstrebenden Aesten; pendula mit hängenden Aesten; pumila oder nana, ein Zwergbusch; monstrosa mit kurzen büscheligen Trieben; variegata mit einzelnen gelblich-weissen Trieben; glauca blaugrün.}

Abies Webbiana Lindl. (syn. A. spectabilis Lamb.). Ein Waldbaum der Gebirge des Himalaya zwischen 2000 und 4000 m in Mischung mit Pinus excelsa, Picea Morinda und Laubhölzern oder in reinen Beständen. Sie steht **A. Pindrow** Royle des Himalaya sehr nahe und wird letztere von Brandis als Form zur ersteren gestellt. Die Bäume unterscheiden sich durch den Habitus, indem A. Webbiana eine mehr schirmförmige, A. Pindrow eine pyramidenförmige Krone hat. Die Zapfen der letzteren sind auch dicker wie die der Webbiana.

Junge Pflanzen sind an der Belaubung zu erkennen. Die Nadeln der A. Webbiana stehen sehr dicht, sind 4—4½ cm lang, breit, oben glänzend grün, unten aber mit zwei breiten leuchtend weissen Streifen versehen, während die Nadeln von Pindrow bis 9 cm lang, schmaler, stärker, zweispitzig und unterseits viel weniger weiss leuchtend sind.

Der Zapfen von A. Webbiana ist schön sattblau, mit hellen Harzbächen übergossen und lässt keine Deckschuppen erkennen.

Die prachtvolle, dichtbelaubte, überaus dekorative Tanne soll in Deutschland und selbst in England nur in milden Lagen gedeihen. In Bozen steht ein prächtiges, üppig wachsendes Exemplar, welches alljährlich Zapfen trägt.

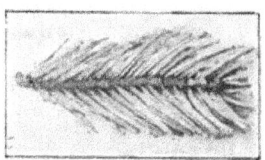

Fig. 40.
Abies Webbiana Lindl.
Wirkliche Länge der Nadeln dieses Zweiges 4 cm. Die Nadeln haben 2 milchweisse Streifen unterseits. Die Zweige sind für das blosse Auge ganz unbehaart.

Abies balsamea Mill. Eine niedere, 15—25 m hohe Tanne des ganzen nördlichen Teils Nordamerikas von der Ost- bis zur Westseite und im Osten längs des Alleghany-Gebirges auf den Gipfeln bis Virginien. Vielfach tritt sie in sumpfigen Orten mit Picea alba auf, kommt mit ihr und Picea nigra in den Bergen vor, geht aber nicht so hoch wie diese hinauf. Ihre hellbraunen Knospen sind mit Harz glänzend übergossen und von aromatischem Geruch. Ihre zahlreichen, 6—10 cm langen kurzwalzigen Zapfen sind vor der Reife graublau und lassen die Deckschuppe nicht oder nur mit kurzer Spitze erkennen. Aus den Harzbeulen der Rinde wird wie bei Tsuga canadensis der sog. Canadabalsam gewonnen.

Die Balsam-Tanne ist

Fig. 41. Abies balsamea Mill.
Zweig mit 4 fast reifen graublauen Zapfen aus Bozen anfang August. Natürliche Länge der Zapfen 5½—6 cm.

schnellwüchsig, trägt schon in jüngeren Exemplaren reichlich Zapfen und ist sehr oft in grösseren Bäumen in deutschen Parks zu finden, da sie völlig hart ist. Auch in Bozen stehen fruchtende Bäume, desgleichen in Amorbach (Unterfranken) und an vielen anderen Orten.

Man unterscheidet eine Form mit besonders kurzen Zapfen (brachylepis Willk.); an Zwergformen: hudsonica Sarg. et Engelm. und nana; als Farbenformen die blaugrüne coerulea, die silberspitzige argentea, die gelbbunte Zwergform variegata; fol. marginatis mit gelbgerandeten Nadeln und als Wuchsformen die unverzweigte undicaulis, die fast unverzweigte denudata, die prostrata mit weitausstreichenden Aesten.

Abies Fraseri Lindl. Diese der balsamea fast völlig gleiche Tanne tritt nur in den Alleghanies, in Nord-Carolina und Tenessee unter klimatischen Verhältnissen, die dem Tannen- und Fichtenwald unserer Gebirge entsprechen, zwischen 1600 und 2000 m bestandbildend und vielfach mit Picea nigra auf und unterscheidet sich von balsamea durch die weit hervorragenden und zurückgeschlagenen Deckschuppen der reifen blauschwarzen Zapfen. Auch die Rindenbeulen dieser Tanne liefern Canadabalsam.

Abies amabilis Forb., Purpurtanne. Ein Waldbaum des Cascadengebirges, wo er an frischen Standorten zwischen 1300 und 1600 m Höhe bis 60 m erreicht. Ihre dichtbeblätterten Triebe sind von oben ganz durch Nadeln gedeckt. Die Zapfen sind purpurfarbig, 10—14 cm lang und lassen die Deckschuppen zur Reifezeit nicht mehr sehen. Die Zweige sind behaart. Bei uns nur gepfropft oder erst in Sämlingen vorhanden.

Abies subalpina Engelm. Die der östlichen A. balsamea nahestehende Tanne kommt noch an der Baumgrenze der westamerikanischen Gebirge strauchig vor, erreicht aber in tieferen Lagen starke Dimensionen. Sie tritt vereinzelt von Alasca bis Colorado und besonders im Cascadengebirge auf. Ihre Zweige sind behaart, die Zapfen sind 6—8 cm lang, ohne sichtbare Deckschuppen, frisch grün.

Abies nobilis Lindl., Silbertanne. Diese Edeltanne des westlichen Nordamerika kommt nur auf den Bergen Oregons zwischen 1800 und 2500 m, besonders in grossen Beständen auf dem Cascadengebirge vor und erreicht dort Höhen von 60—90 m. Ihre blaugrüne Benadelung ist für sie besonders charakteristisch, da schon an jüngeren Pflanzen die unteren längeren Triebnadeln ge-

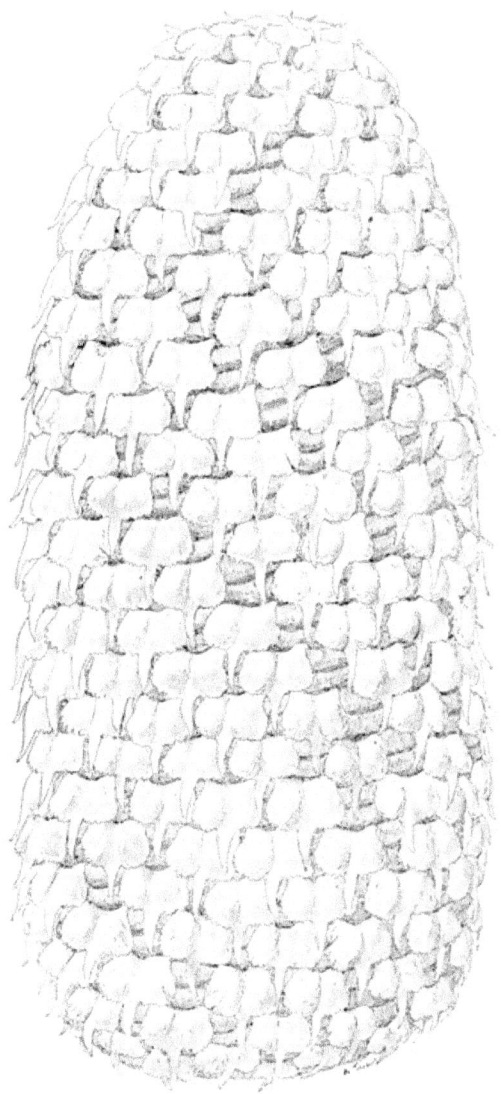

Fig. 42. Abies nobilis Lindl.
Reifer Zapfen. Natürl. Grösse.

krümmt nach oben stehen, während die kürzeren Nadeln der Zweigoberseite flach ausgebreitet sind. Alle Nadeln sind flach zweikantig. Die Zweige sind behaart, die Rinde ist braun.

Die Zapfen, die 14—24 cm lang werden, völlig walzig, 6—8 cm dick sind und abgerundete Spitze haben, sind zur Reifezeit durch die sehr grossen breiten, dreispitzigen Deckschuppen ausgezeichnet, da dieselben zwischen den Samenschuppen herausragend, nach unten umgeschlagen, fast die ganze Zapfenaussenseite decken.

Diese sehr dekorative Tanne ist bei uns hart und für Parkanlagen, vor allem in den blaugrünen Formen glauca und besonders argentea zu empfehlen.

Abies concolor Lindl. et Gord. (syn. A. lasiocarpa Lindl. et Gord.). Diese der A. grandis ähnliche Tanne wächst südlicher

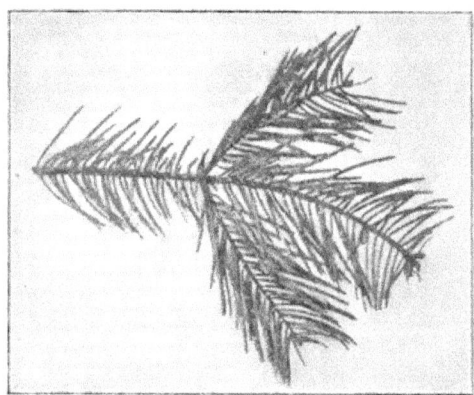

Fig. 43. Abies concolor Lindl. et Gord. $^1/_3$ natürl. Grösse.

auf westamerikanischen Gebirgen Nordamerikas zwischen 1000 und 3000 m an luft- und bodenfeuchten Orten, wo sie über 70 m hoch wird. Sie ist durch sehr lange, beiderseits gleichfarbige matt graugrüne Nadeln ausgezeichnet. Sie ist eine Schattholzart wie die Weisstanne und liefert dasselbe Holz wie diese. Sie ist versuchsweise in preussischen und bayerischen Forsten angebaut und hat sich dabei als sehr schnellwüchsig gezeigt und war in Oberbayern frosthart. Auch in Hannöver. Münden war sie stets schnellwüchsig und frosthart. Sie kann daher aus dekorativen Gründen an geschützten Waldorten angebaut werden.

Der 8—12 cm lange Zapfen ist grün oder trüb purpurn. Seine Deckschuppen sind zur Reifezeit verborgen. Die Zweige sind unbehaart. Die Rinde ist grau. Sie ist durch späte Knospenentwickelung gegen Spätfröste gesichert.

Die lichtblaue Form violacea ist sehr dekorativ. Auch eine variegata-Form und eine Hängeform (pendula) werden kultiviert.

Die violacea in gedrungener Pyramidenform geht als viol. compacta.

Die Standortsvarietät lasiocarpa aus der Sierra Nevada mit hellgrünen Nadeln ist meist empfindlicher.

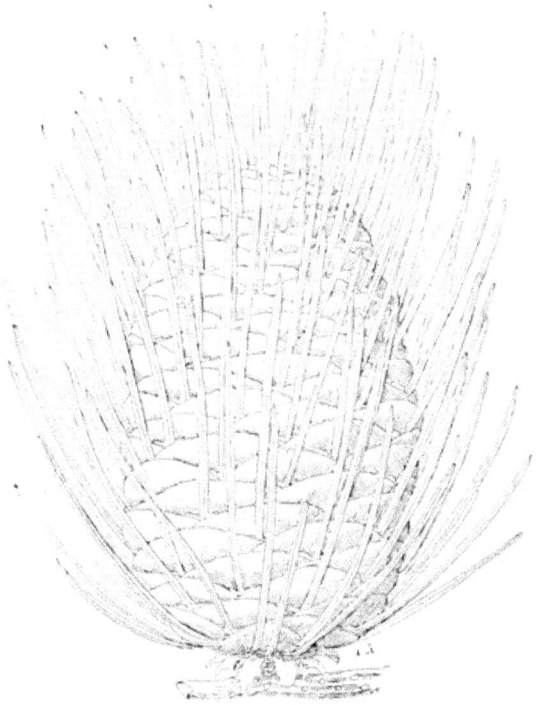

Fig. 44. Abies bracteata Don. Natürl. Grösse.

Abies bracteata Don. Diese Tanne ist in den St. Luciagebirgen des südlichen Californiens an feuchten Orten zwischen 1000 und 2000 m verbreitet und wird dort bis 50 m hoch. In höheren Lagen tritt sie noch als kleiner Baum auf. Bei der Kultur in Europa sind ihr nur luftfeuchte Parkanlagen mit Schutz gegen

Winterfrost und Trocknis anzuweisen. Sie hat sehr lange breite Nadeln und ist durch die in Nadelform vom eiförmigen, 7—9 cm langen Zapfen abstehenden verlängerten Mittelrippen der im übrigen versteckten Deckschuppen ausgezeichnet.

Abies grandis Lindl. (syn. A. Gordoniana Carr.). Längs der westamerikanischen Küste von Nord-Californien bis nördlich von Vancouver, in den Gebirgen längs der Küste bildet sie auf feuchteren Standorten 60—90 m hohe, auf trockenen östlichen Standorten nur ca. 30 m hohe Bäume. Die Knospen junger Pflanzen sind violett, die Nadeln der oberen Triebseite kürzer wie die unteren, beide gekämmt gestellt und oberseits glänzend grün. Die Triebe sind unbehaart. Die Zapfen sind walzig, ca. 10 cm lang, grün, später braun und ohne sichtbare Deckschuppen.

Als Parkbaum in geschützten, frischen Lagen zu kultivieren.

Sie kommt auch in einer Zwergform „compacta" und einer gelblichen Form „aurea" in Kultur vor.

Abies magnifica Murr. Diese californische Weisstanne tritt zwischen 1500 und 3000 m auf und bildet besonders im Shastagebirge grössere Waldungen. Sie wird 60 bis 76 m hoch, steht A. nobilis nahe und unterscheidet sich von der vorigen Art durch dicke steife, fast vierkantige, gleich lange, sichelförmig aufgekrümmte Triebnadeln jüngerer Pflanzen. Ihre sehr dickwalzigen Zapfen, 15—20 cm lang, 8—9 cm dick, lassen zur Reifezeit keine Deckschuppen mehr zwischen den Samenschuppen vorsehen. Die Triebe sind behaart. Sie ist langsamwüchsig, spät treibend und nur in geschützten Orten oder in höheren Exemplaren frostsicher.

Besonders dekorativ ist auch hier wieder die glauca-Form.

Abies firma Sieb. et Zucc. (syn. A. bifida Sieb. et Zucc.), Momi. Diese schönste und grösste Tanne Japans ist bis zum 40.° n. Br. gegen Norden verbreitet und weiterhin vielfach kultiviert. Sie erreicht dort unter den Tannen die bedeutendsten Höhen (50 m), wird aber nur bei dichtem Schlusse geradschaftig. Sie ist charakterisiert durch die zwei sehr langen Spitzen ihrer Nadeln und durch die 10—12 cm langen gelbgrünen Zapfen mit lang vorsehenden geraden Deckschuppen.

Die Keimlinge tragen vier Cotyledonen. Ihre Knospen schlagen bei uns später aus wie jene der Weisstanne. Sie ist in Preussen forstlich angebaut und hat bis jetzt ausgehalten. In Deutschland passt sie nur für Parkanlagen sehr milder Gegenden.

A. holophylla Maxim. aus der Mandschurei mit scharfstechenden einspitzigen Nadeln, der vorigen sehr nahe stehend.

Abies homolepis Sieb. et Zucc., syn. A. brachyphylla Maxim. Diese häufige Tanne des mittleren Japans, einzeln oder in Horsten in Birken- und Eichenwäldern, hauptsächlich zwischen dem 36. und 38.° n. Br. über 40 m Höhe erreichend, hat besonders weiss leuchtende Spaltöffnungsbahnen, an den sterilen Zweigen zweispitzige Nadeln und einen dunkelblauen, walzigen, 9—10 cm langen Zapfen mit gleichfarbigen Schuppenrändern und ohne vorsehende Deckschuppen. In Deutschland nur in den mildesten Lagen zu kultivieren.

Abies umbilicata Mayr. Diese seltene japanische Tanne hat gelbgrüne Zapfen wie firma von 8—10 cm Länge, aber ohne sichtbare Deckschuppen. Die Zapfenspitze ist bis auf den eigentlichen Gipfel eingesunken, und erscheint somit genabelt, wie man es bei Cedrus atlantica findet. Junge Pflanzen sind von A. homolepis nicht unterscheidbar.

Abies Veitchii Lindl. In Centraljapan vom 39.° südlich und den südlicheren Inseln auf den Bergen um 2000 m ein häufiger Waldbaum mit dichter Belaubung. Sie kommt in zwei Zapfenformen vor. Diese sind entweder 5 cm lang mit wenig oder nicht vorstehenden Deckschuppen, oder sie sind über 6 cm lang mit hervorragenden und zurückgeschlagenen Deckschuppen. Beide sind dunkelblau, die Deckschuppen rötlich. Sie sind so klein wie die von balsamea. Sie steht A. homolepis nahe.

Die Form mit den vorstehenden Deckschuppen ist neuerdings in China gefunden worden.

Abies Sachalinensis Mast. Diese Tanne, die auch als Varietät zu Veitchii gezogen wird, steht derselben sehr nahe. Sie ist in Japan auf Eso, Sachalin und den Kurilen heimisch und tritt in zwei Formen auf, von denen die eine dunkel-olivengrüne Zapfen mit hellgrünen vorstehenden Deckschuppen hat. Die Zapfen sind 10 cm lang. Die andere hat nur 6—7 cm lange Zapfen mit nicht vorstehenden Deckschuppen. Es wird noch eine Form, die Prof. Miyabe als Abies Akatodo bezeichnet, mit roten Zapfenschuppen und rotem Holze und roter Borke unterschieden.

In ihrer horizontalen Verbreitung ist A. Sachalinensis von A. Veitchii durch A. Mariesii getrennt, sie tritt in reinen Beständen auf. Sie ist an ihren weissen Knospen kenntlich.

Abies Mariesii Mast. Diese Tanne kommt in Japan erst nördlich vom 36.° vor auf den höheren Bergen, und zwar auch in

Beständen und ist die einzige Tanne von Nordhondo. Sie wird
bei uns hart sein, aber ohne besondere Vorzüge. Sie wird auch
nur 25 m hoch. Ihr Zapfen ist dunkelblau mit bräunlichen Schuppenrändern ohne vorsehende Deckschuppen und ca. 8 cm lang, tonnen-
förmig sich beidendig verjüngend. Triebe behaart. Nadeln am
breitesten im oberen Drittel. Sie steht A. homolepis nahe.

Keteleeria.

Diese Gattung unterscheidet sich von Abies hauptsächlich
dadurch, dass die Zapfenschuppen sich nicht von der Spindel ablösen. Sonst sind die aufrechten Zapfen, die Samenschuppen, die
kleinen, nicht vorsehenden Deckschuppen und die geflügelten Samen
wie bei unserer Tanne. Auch die Nadeln sind wie andere Abiesnadeln. Die wenigen bekannten Arten sind in China heimische
Waldbäume, welche bei uns nicht gut gedeihen. Auch das grösste,
über 16 m hohe europäische Exemplar von K. Fortunei in Pallanza
am Lago Maggiore hat zwar Zapfen, aber noch keine keimfähigen
Samen getragen. Die Borke ist ähnlich jener der Korkeiche. Man
unterscheidet **K. Fortunei** Carr. und **K. Davidiana** Franch.

Tsuga, Hemlockstanne, Schierlingstanne.

Wertvolle Waldbäume, in den Gebirgen Japans (zwei Arten),
am Himalaya (eine Art) und in Nordamerika (vier Arten) in reinen
und gemischten Beständen. Nur bei dichtem Bestandesschluss geradschaftig; im freien und lichten Stande löst sich dagegen der Stamm
bald in Aeste auf. Das Holz besitzt keine Harzkanäle, einen
dunkleren Kern und wird technisch verwertet. Die Samen sind
mit dem häutigen Flügel fest verwachsen. Die Samenschale enthält Harzbeulen und ist weich, zerdrückbar wie Tannensamen.
Die Samen fliegen im Herbste nach der Blütezeit aus den noch
über Winter hängen bleibenden Zäpfchen. Sie keimen nach einigen
Wochen bei Frühlingssaat. Der Keimling trägt drei oberirdische
Cotyledonen. Die jungen Pflanzen haben wie ältere nickende Zweige
und Gipfeltriebe. Die tannenähnlichen Nadeln haben nur einen
Harzkanal unterhalb des Gefässbündels, sie sind flach mit zwei
weissen Spaltöffnungsreihen, nur Ts. Pattoniana-Nadeln sind mehrflächig mit den Spaltöffnungen auf drei Seiten. Sie sitzen einem
erhabenen Blattkissen auf. Es entwickeln sich nur Langtriebe.
Die männlichen Blüten sind wie bei Picea, die Pollenkörner entbehren (ausser bei Ts. Pattoniana) der Flugblase. Sie bedürfen

dieser Flugorgane auch nicht, da ja die männlichen und weiblichen Blüten über die ganze Krone zerstreut sind, während bei anderen Abietineen die weiblichen Blüten nur in der obersten Krone stehen, die männlichen aber auch im unteren Teile gebildet werden. Die weichen, holzigen, nicht zerfallenden Zäpfchen hängen endständig. Die Deckschuppen ragen nicht zwischen den Samenschuppen hervor. Die Knospen sind von Schuppen bedeckt. Die Tsuga-Arten werden nicht nur durch Saat, sondern auch durch Stecklinge vermehrt. Sie sind alle schattenertragend und können daher mit Vorteil unterständig oder als Mischholz gezogen werden. Die Rinde mehrerer Arten wird zum Gerben benützt. Für den deutschen Wald ist keine Art von Wichtigkeit, für Park und Garten ist die wichtigste Ts. canadensis.

Tsuga canadensis (L.), syn. Ts. americana Dur., die kanadische Hemlockstanne. Ein Waldbaum des nördlichen Nordamerika,

Fig. 45. Tsuga canadensis L.
Zweig von oben, der Zapfen ist nickend zu denken. Natürl. Grösse.

in reinen Beständen wie in Mischung mit Laub- und Nadelhölzern (vielfach mit Pinus Strobus) in frischen Lagen von Canada bis Nordkarolina, westlich bis ins Felsengebirge verbreitet, südöstlich bis in die Alleghanies. Er erreicht dort eine Höhe von 20—30 m. In Deutschland völlig hart und schon in älteren, aber nur 10—20 m hohen Bäumen vielfach vorhanden. Wegen des zierlichen Habitus auch als Einzelbaum für Gärten sehr geeignet. Diese Art trägt schon frühzeitig Samen. Ihre Nadeln sind an der Spitze gerundet, im vorderen Teile gesägt, auf der Zweigoberseite kürzer wie an der unteren Seite, wo sie ganz gescheitelt stehen. Die jungen Triebe sind dicht behaart.

In Amerika wird das Holz, welches nicht sehr dauerhaft

ist, vielfach wie jenes der Strobe benützt, der Terpentin der Rinde giebt Canadabalsam, die Rinde wird im grossen wie Eichenlohe zum Gerben benutzt, die jungen Sprosse werden zur Herstellung eines bierartigen Getränkes verwendet.

Als Wuchsformen werden angegeben: Ts. c. nana, eine kleine Buschform; compacta nana und globosa, völlige Kugelformen; columnaris, eine Säulenform; fastigiata, eine aufstrebende Form mit bogig abstehenden Aestchen; pendula, gracilis und sargentii pendula, Formen mit leicht hängenden Aesten.

Als Blattformen: macrophylla, eine besonders grossblätterige Form; microphylla und parvifolia mit kleinen und sehr kleinen Blättchen; sparsifolia mit spiralig abstehenden Blättchen.

Als Farbenformen: aurea mit gelben Zweigspitzen; albo-spica mit weissen Zweigspitzen; argentea, weissfleckig.

Tsuga Mertensiana Carr. (syn. Abies taxifolia Jeffr., Abies Bridgesii Kell., Abies Albertiana Murr.). Ein schlanker Waldbaum des westlichen Nordamerika, von 30 bis 70 m Höhe, oft geradschaftig, in reinen Beständen oder in Mischbeständen, meist zusammen mit der Douglastanne. Sie ist südlich von den Gebirgen des nördlichen Californiens bis an die Küste des südlichen Alasca verbreitet. Holz und Rinde wird benutzt wie bei der vorigen. Samenschuppen und Flügel viel länger wie bei Ts. canad. Ihr Schaft ist mehr einheitlich, ihre Belaubung üppiger, doch ist sie weniger hart wie die östliche Ts. canadensis.

Sie kommt auch in einer robusten, grossblätterigen Form (macrophylla) vor.

Ts. caroliniana Engelm. Ein Waldbaum aus Ostamerika, in den blauen Bergen Karolinas allein und höher oben mit Ts. canad. vorkommend.

Ts. Brunoniana Carr., syn. T. dumosa (Loud.), ein Waldbaum aus dem Himalaya, ist sehr frostempfindlich.

Ts. Sieboldii Carr. (syn. Abies Tsuga S. et Z., P. Araragi Sieb.) und **Ts. diversifolia** Maxim. sind zwei japanische Waldbäume, von denen die letztere in den Bergen höher emporsteigt, härter ist und in grösseren Wäldern vorkommt, wie die erstere, welche bloss bis in die Buchenregion hinaufgeht. Ts. Sieboldii ist die einzige Ts. mit unbehaarten Zweigen, ihr Holz ist wertvoller wie das der diversifolia, sie würde bei uns aber nur in den mildesten Main- und Rheinlagen, oder in Südtirol und ähnlichen Klimaten gedeihen. Sie wird in Japan ca. 30 cm hoch.

Sie kommt auch buntblätterig und verzwergt vor (nana und fol. varieg.).

Ts. Pattoniana (Jeffr.), syn. Ts. Hookeriana (Murr.), Abies Williamsonii Newb. Ein Waldbaum des westlichen Nordamerika,

besonders in Californien; erinnert durch seine buschelförmig gedrängt
stehenden blaugrünen Nadeln an eine Ceder. Die Nadeln sind
mehrflächig dick und haben an drei Seiten ihre Spaltöffnungen.
Die Pollenkörner haben Flugblasen. Sie kommt an der Küste vor
und geht an den Bergen empor, bis sie strauchig wird.

Besonders schön ist sie in der silbergrauen Form (var. argentea, früher
als Ts. Hookeriana bezeichnet).

Pseudotsuga, Douglastanne.

Pseudotsuga Douglasii (Sabine), syn. Pin. taxifolia Lamb.,
Douglastanne.

Die Gattung Pseudotsuga unterscheidet sich von Tsuga durch
die weit zwischen den Samenschuppen hervorragenden dreispitzigen Deckschuppen der grossen, ebenfalls nicht zerfallenden,
hängenden Zapfen, sowie durch zwei seitliche (laterale) Harzkanäle im tannenähnlichen Blatte.

Die Douglastanne ist einer der wichtigsten Waldbäume Nordamerikas und die wichtigste der in deutschen Waldungen eingeführten Holzarten. Sie ist im westlichen Nordamerika über ein
riesiges Areal zwischen dem $43.^0$ und $52.^0$ n. Br. über 50000 ☐-
Meilen verbreitet. Sie tritt an der feuchten pacifischen Küste von
der Insel Vancouver bis ins nördliche Californien, im Küstengebirge
und der Sierra Nevada bis ca. 2500 m emporsteigend, in feuchten
Thälern der Gebirgsströme und im trockenen Binnenlande Mon-
tanas in zusammenhängenden Waldungen, je nach den Standorts-
verhältnissen, in Mischung mit den verschiedensten Pinus, z. B.
ponderosa, monticola, edulis, Lambertiana, Jeffreyi etc., Abies amabilis, grandis, Picea Engelmanni, Menziesii, Tsuga Mertensiana,
Larixarten, mit Wellingtonia, Sequoia sempervirens, Thuja gigantea,
Chamaecyparis Lawsoniana und anderen Nadel- und Laubhölzern auf.

Sie erreicht Höhen bis 90 und 100 m und 4 m Durchmesser
auf guten Standorten in feuchteren Lagen von Californien, Oregon,
Washington etc., weniger im trockeneren Felsengebirge. Ihr Holz
ist überaus hochgeschätzt. Es besitzt einen schönen dunkelrosa-
roten Kern und gelben Splint und enthält Harzkanäle. Es ist von
hohem spezifischem Gewichte und grosser Dauer.

Wegen dieses guten Holzes und ihrer Schnellwüchsigkeit ist
die Douglastanne in grossem Massstabe in deutschen Waldungen
erfolgreich angebaut. Ihre Kultur hat auf allen Böden mit Ausschluss zu bindigen Lehmes, zu sterilen Sandes und nassen Bodens,

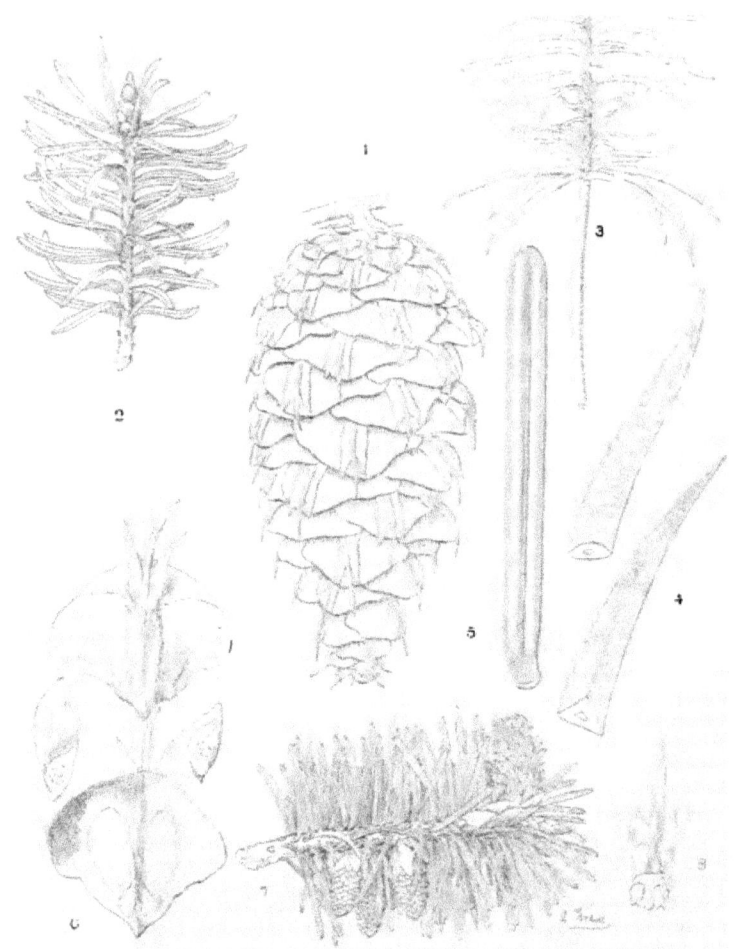

Fig. 46. Pseudotsuga Douglasii (Sab.).

1. Reifer geöffneter Zapfen. 2. Belaubter Zweig mit Winterknospe. 3. Schwacher Keimling im **2. Jahre.** 4. Cotyledonspitze und darüber Primärblattspitze. 5. Nadel von unten. 6. Oben Samenschuppe mit Deckschuppe von aussen. Unten Samenschuppe mit den Samenabdrücken **von innen.** Links geflügelter Same von innen, rechts entflügelter Same mit dem Rand des **abgerissenen** Flügels. 7. Zweig mit männlichen Blüten nach unten und einer weiblichen **Blüte nach oben.** 8. Grosse Decke und kleine Samenschuppe **der** weibl. Blüte **von** innen. Alles natürl. Grösse. Nur 4 5 und 8 Loupenvergr.

in allen Lagen mit Ausschluss direkter Frostorte oder Höhenlagen über 900 m oder sehr schneereichen Gegenden befriedigende Resultate in Bayern und Preussen, Schottland, Belgien, Frankreich etc. gegeben.

Sie ist eine nur wenig Schatten ertragende Holzart, darf also nicht unterständig wachsen, ist dagegen für Seitenschutz im Walde dankbar, weil sie besonders empfindlich ist gegen trocknenden Wind. In der Jugend bedarf sie wie die Tannenarten Schutz gegen Frost. Viel gefährdet sind durch Frost die Johannitriebe, welche von jüngeren Pflanzen besonders an feuchteren Standorten oft gebildet werden. Die tiefer sitzenden jungen Triebe oder kleinen Pflanzen fallen auch öfters einem Pilze (Botrytis) zum Opfer und welken dann ab. Vor allem ist sie wie alle Exoten vor dem Wild zu schützen. Sie überwindet aber leicht die Beschädigungen.

Am besten gedeiht sie in reinen Horsten oder in Buchenverjüngungen, über die sie wie die Lärche mit meterlangen Jahrestrieben fortwächst.

Fig. 47.
Pseudostuga Douglasii Carr.
Zweig mit fast reifem, noch geschlossenem, grünem, hängendem Zapfen aus Bozen anfang August. Natürl. Grösse dieses Zapfens 8 cm.

Auch in Parks erscheint sie schöner in Gruppen wie einzelständig. Im Bestande behält sie einen aufstrebenden, fichtenähnlichen Wuchs und einheitlichen Schaft. An Höhen- und Massenzuwachs übertrifft sie unter günstigen und gleichen Verhältnissen unsere einheimischen Nadelhölzer.

Der Same hat eine feste, harzfreie Samenschale, die mit dem Flügel verwachsen bleibt. Er reift im ersten Herbste und entfliegt dem sich alsbald öffnenden, noch über Winter hängenden Zapfen.

Er keimt im Frühling nach 3—4 Wochen, liegt aber teilweise bis zum zweiten Frühling über. Der Keimling hat 5—7 matte, dreikantige Cotyledonen mit zwei weissen Spaltöffnungsreihen oberseits. Er wird im ersten Jahre fingerlang und schliesst mit einer Gipfel- und mehreren Seitenknospen ab. Man pflanzt vierjährig verschulte Pflanzen in den Wald.

Die Knospen sind rehbraun, spitz, kegelförmig, harzfrei.

Die Blätter zart, grün mit zwei weissen Streifen unterseits, stehen allseits ab, an beschatteten Trieben mehr oder weniger gekrümmt.

Die Rinde junger Triebe ist behaart. Dickere Rinde ist reich an Harzbeulen. Später bildet sich eine dicke Schuppenborke mit gelben Korkschalen und rotem Rindenteil. Die männlichen und die roten weiblichen Blüten sind über den Baum verteilt. Es kommen gemischt männliche und weibliche (androgyne) Blüten vor. Die Pollenkörner entbehren der Flugblasen.

Die Zapfen sind etwa 8 cm lang mit lang vorschauenden dreispitzigen Deckschuppen.

Als Formen sind zu unterscheiden: 1. Farbenformen: glauca, welche kontinentalem Klima in Colorado, besonders in Arizona und Neu-Mexiko entstammend, durch ihre blaugrüne, steifere Benadelung, kleinere Zapfen und den Abschluss des Wachstums ohne Johannitriebbildung vor Frühfrösten gesicherter ist wie die rein grüne Form, besonders wie jene von der pacifischen Küste. Sie ist aber bedeutend langsamer wachsend; dieselbe kommt auch als Hängeform (pendula) vor; argentea mit blauweisser Belaubung kommt auch dicht buschig (arg. compacta) und in der Hängeform (pendula) vor; Stairi mit bunten Blättern. 2. Blattformen: Standishii mit grösseren, dunkelgrünen Blättern mit sehr weissen Streifen unterseits; taxifolia mit grösseren, dunkleren Nadeln. 3. Wuchsformen: compacta, sehr dichte Form; elegans, dichte, aber sehr kleinblätterige Form; moustrosa mit monströs unregelmässiger, unschöner Beastung; pendula, Hängeform, kommt auch blaugrün vor; denudata mit starkem Haupttrieb und geringer Seitenverzweigung. 4. Blüten- und Zapfenformen: macrocarpa Engelm., syn. Pseudotsuga macrocarpa (Vasey) als besondere Spezies, mit bedeutend grösseren Zapfen, im südlichen Californien.

Ferner fand ich eine Douglastanne in Bozen, welche alljährlich eine Anzahl gemischter Blüten trägt, nämlich unten männliche, oben weibliche Schuppen. Die daraus entstehenden Zapfen sind durch Abfall des männlichen Teiles kurz und oft selbst kugelförmig. Auch Triebe mit umgewendeten Nadeln fand ich dort.

Pseudotsuga japonica Shirasawa. In inneren Waldungen Japans gefunden als Baum von 15—20 m Höhe mit Tsuga Sieboldii, Fagus japonica, Magnolia hypoleuca, Quercus serrata, Acanthopanax ricinifolium. Der Zapfen, 4—5 cm lang, ist wie ein kleiner Zapfen der amerikanischen Douglastanne, die in Japan nicht heimisch ist, die verlängerten dreispitzigen Deckschuppen stehen aber nicht gerade ab, sondern sind zurückgeschlagen. Die

Zapfen hängen lang gestielt und sind dunkelviolett, bläulich bereift. Die tannenartigen Nadeln sind an der Spitze eingekerbt. Die Samen sind wie die der Douglastanne, das Holz wertvoller wie das japanischer Tsuga-Arten.

Cedrus, Cedern.

Waldbäume aus den Gebirgen Nordafrikas, besonders des Himalayas und Orients, drei Arten.

Die Cedern bilden wie die Lärchen Langtriebe mit spiraliger Benadelung und Kurztriebe mit Nadelbüscheln. Die Belaubung ist aber mehrjährig. Die wintergrünen Nadeln sind daher auch steif und stechend. Die Kurztriebe wachsen mit ihrer Gipfelknospe sehr langsam in die Länge und ferner auch intermediär in der Cambialzone ihres Tragastes. Ein Teil derselben pflegt sich zu Langtrieben zu entwickeln. Ihre Gipfelknospe bildet auch die männlichen und weiblichen Blüten, welche demnach auf beblätterten Kurztrieben sitzen.

Deck- und Samenschuppen getrennt. Samenschuppen schon zur Blütezeit grösser wie die Deckschuppe. Im reifen, aufrecht sitzenden zweijährigen braunen Zapfen wie im einjährigen grünen Zapfen sehen die sehr kleinen Deckschuppen nicht über die grossen, eng aufeinander gepressten Samenschuppen hervor. Die Zapfen reifen im zweiten oder dritten Sommer, wobei die Schuppen von der sitzenbleibenden Spindel wie bei den Abiesarten abfallen und zugleich die Samen mit ihren sehr grossen Flügeln abfliegen. Die Samen haben eine weiche Schale, erfüllt von aromatisch duftenden Terpentinblasen. Sie dürfen vor der Saat nicht gedrückt werden. Sie keimen 3—4 Wochen nach der Saat mit 8—10 glatten, dreikantigen Cotyledonen. Im Einzelstand sehr dekorative, stets tief herab beastet bleibende Bäume mit weitausgelegter Krone.

Man unterscheidet drei Arten, die auch nur als Varietäten aufgefasst werden können. Alle halten auf die Dauer nur in den mildesten Lagen Deutschlands aus. Der Winter 1879—80 raffte auch die alte Ceder beim Pompejanum Aschaffenburgs hinweg, ebenso einen älteren Stamm in Stuttgart u. a. a. O. Das Bozener und Meraner Klima sagt ihnen zu. Dort sind herrliche Stämme, ebenso in England etc.

Cedrus Deodara (Roxb.), Himalayaceder. Im nordwestlichen Himalaya zwischen 1000 und 4000 m, besonders zwischen 1300 und 3200 m bestandbildend, vielfach mit Picea Morinda, Pinus

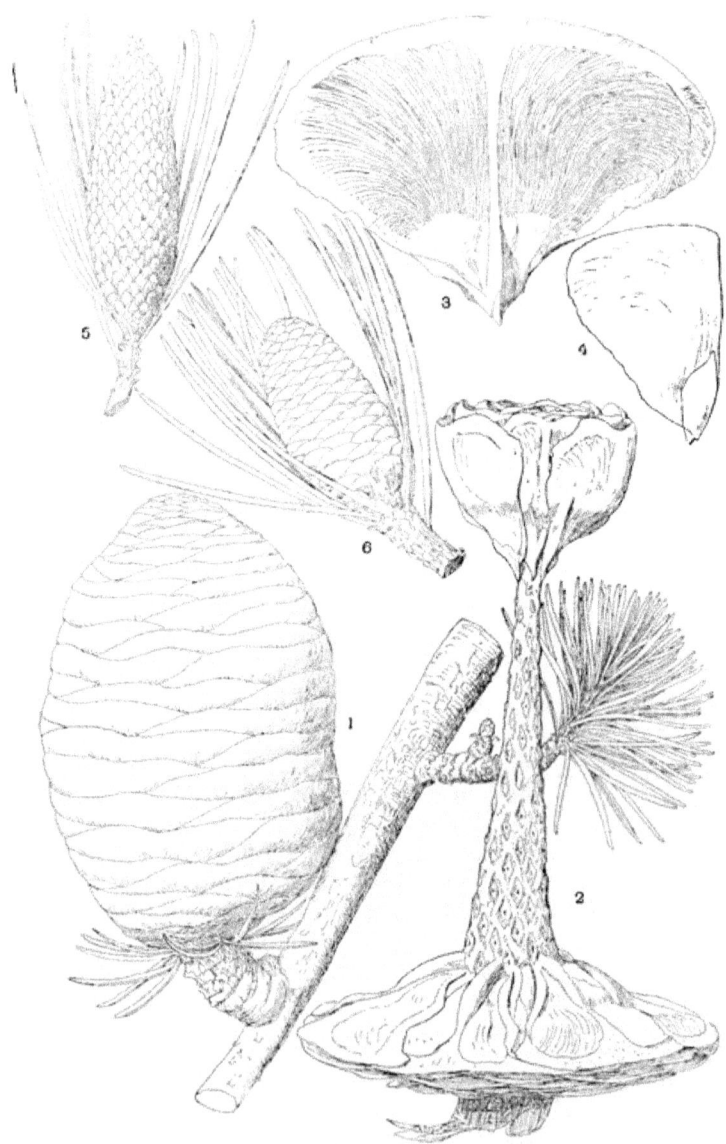

Fig. 48. Cedern.
1. Reifer Zapfen von Cedrus atlantica auf beblättertem Kurztrieb. 2. Reifer Zapfen nach dem Schuppen- und Samenabfall. 3. Zapfenschuppe von innen. 4. Geflügelter Same von unten. 5. Männliche Blüte von Cedrus Deodara. 6. Junger Zapfen von Cedrus Deodara. Alles natürl. Grösse.

excelsa, auch mit Abies Webbiana und anderen Holzarten in Mischung, erreicht 50 m Höhe und bildet im Schlusse schlanke, astreine Schäfte.

Sie unterscheidet sich von den anderen Arten durch die viel längeren, dünneren und weniger starren Nadeln. Die Aeste, wenig nach aufwärts gerichtet, hängen wie der Gipfel über, ebenso auch die Seitenäste. Die Zapfen sind 8—12 cm lang, an der Spitze nicht eingedrückt, nicht filzig behaart.

Farbenformen: viridis, grün glänzend; argentea, blausilberig; aurea, gelbblätterig; variegata, buntblätterig.

Wuchsformen: crassifolia, dickblätterig, kurzästig; robusta, dicht bezweigt und üppig belaubt; compacta, kurze, dichte Pyramidenform; fastigiata, weniger dichte Säulenform; verticillata, regelmässig, fast quirlästig, kommt auch blaugrün (glauca) vor.

Blattformen: uncinata mit gekrümmten Blättern.

Cedrus Libani Barr., Libanonceder. Auf Gebirgen Kleinasiens, besonders im cilicischen Taurus und im Libanon nur noch in ein paar hundert Stämmen, sowie auf Cypern in Höhen von 1300—2100 m. Sie wird bis 40 m hoch, 2—3000 Jahre

Fig. 49. Cedrus Deodara Roxb.
Ceder aus der Bahnhofanlage in Bozen.

alt und erreicht einen Stammumfang von 11 m. Sie steht am nächsten C. atlantica und hat wie diese kurze, starre Nadeln. Ihre Krone ist abgewölbt, ihre Aeste sind aufwärts strebend, ihr Gipfeltrieb stets nickend, ihre Zapfen 6—9 cm lang, am Gipfel ebenso wie bei C. atlantica eingedrückt, bei beiden Arten aussen filzig behaart. Das als Bau- und Möbelholz hochgeschätzte Cedernholz diente schon im Altertum zu wertvollen Bauten, es hat bräunlichen Kern und gelblichen Splint.

Farbenformen sind: glauca mit schön blauweisser Belaubung; viridis mit hellgrün glänzenden Blättern.

Blattformen: brevifolia mit sehr kurzen Nadeln.
Wuchsformen: nana, dichte Zwergform; nana pyramidalis, konische dichte Zwergform; f. pendula, Hängeform: f. stricta, dichte Pyramidenform; f. denudata, unschöne, unregelmässig beastete, sparrige Form.

Fig. 50. Cedrus atlantica Man.
Ceder aus dem Kirchebener Garten in Bozen.

Cedrus atlantica Man., Atlasceder. Besonders in Nordafrika auf dem Atlas und anderen Gebirgen in ca. 1000 m Höhe Bestand bildend. Nadeln kurz und starr wie bei C. Libani, Gipfel aber stets aufgerichtet. Wuchs pyramidenförmig. Zapfen nur 5—6 cm lang.

Farbenformen: glauca, blauweisse, sehr schöne Form; variegata, buntblätterig.

Wuchsformen: pyramidalis, Pyramidensäule mit kurzen Aesten; columnaris, schlanke Säule mit längeren Aesten; fastigiata, schlanke Pyramide.

Larix, Lärchen.

Die Lärchen unterscheiden sich von den Cedern hauptsächlich durch ihre Zapfen und dadurch, dass ihre Nadeln nur einen Sommer lang leben, im Herbste aber abfallen, so dass die Lärchen im Winter wie Laubbäume und wie noch Ginkgo und Taxodium distichum unter den Nadelhölzern unbelaubt sind.

Die männlichen gelben Blüten entwickeln sich aus der ganzen Kurztriebknospe, sie sind kurz gestielt und sind an der Basis nur von den Schuppen und Haaren des unbeblätterten Kurztriebes umfasst.

Die weiblichen Blüten dagegen entwickeln sich nur aus dem oberen Teile der Kurztriebknospen, während der untere Teil Nadeln bildet. Die gestielten Zapfen krümmen sich nach oben auf und zerfallen nicht zur Reifezeit, die Ende des ersten Jahres eintritt.

Zur Blütezeit ist die Deckschuppe gross, die Samenschuppe klein. Zur Reifezeit ist die Deckschuppe ausser bei L. occid., Lyallii und Griffithii klein, die Samenschuppe gross. Letztere trägt zwei geflügelte Samen. Die Samen bleiben mit dem Flügel verwachsen.

Die Lärchen blühen jährlich mit männlichen und weiblichen Blüten auf denselben Zweigen.

Die weichen Nadeln stehen im Langtrieb spiralig, im Kurztrieb in einer so kurzen Spirale, dass sie als Büschel erscheinen. Ein Teil der Langtriebnadeln trägt Blattachselknospen, die sich zu Kurztrieben entwickeln. Ein Teil der Kurztriebknospen wächst zu Langtrieben aus. Die anderen Kurztriebe wachsen Jahre lang durch intermediäres Wachstum in der Cambialregion und durch Entwicklung ihrer Endknospe zu kurzem Spross.

Die Aeste stehen nicht in Quirlen wie bei den Kiefern, sondern zerstreut.

In Europa giebt es nur eine Lärche, die Larix europaea (syn. decidua), in Japan zwei Arten, nämlich L. leptolepis (syn. japonica Carr.) und L. japonica Maxim.; drei Arten im westlichen Nordamerika, nämlich L. occidentalis, Lyallii, americana (syn. microcarpa) und drei in Asien, nämlich L. Griffithii, L. dahurica und L. sibirica, die auch als L. europaea sibirica aufgefasst wird.

Alle Lärchen sind wichtige Waldbäume mit einheitlichem Schafte und hochwertigem dauerhaftem rotbraunem Kernholze.

Als Waldbäume für Deutschland kommen nur L. europaea und leptolepis in Betracht, die völlig hart und erprobt sind, auch für alle Zwecke in Garten- und Parkanlagen genügen.

Larix europaea DC. (syn. L. decidua), gemeine Lärche. Die Lärche ist ein Waldbaum, der seine Heimat zwischen dem 44. und 50.° n. Br. in den ganzen Alpen, den Karpathen und dem mährisch-schlesischen Gesenke hat, weit darüber hinaus aber in ganz Deutschland, in Norwegen bis zum 69.°, durch Kultur verbreitet und auch in der Ebene gezogen ist. Sie wird 30—50 m hoch und erreicht ein mehrhundertjähriges Alter. In ihrer Heimat tritt sie in Mischung mit Fichten und Zirben in der höchsten Waldregion bis zum Krummholz auf. In den bayerischen Alpen zwischen 900 und 2000 m, in Südtirol bis 2400, in den Karpathen bis 1500, im Gesenke bis 800 m. Als entschiedenes Lichtholz tritt sie weniger in dichten Beständen als in lockeren Horsten und einzeln und eingesprengt auf, stets die Krone frei haltend. Sie bleibt daher auch tief herab beastet. Sie wächst auf günstigen Standorten in Kultur sehr rasch und ist sehr als Parkbaum zu empfehlen.

Durch ihr lebhaftes Frühlingsgrün, das goldfarbige Herbstlaub, ihren schönen pyramidalen Aufbau mit den herabhängenden Nebenästen, den roten Blüten und der hellen Rinde bringt sie viel Abwechselung in die übrigen Baumgruppen.

Leider gedeiht sie in den tieferen Gebirgsthälern und nebligen Lagen schlecht, da sie dort durch einen Nadelpilz, Sphaerella laricina, zum Schütten der Nadeln gebracht wird.

Ebenso wird sie in diesen feuchten Lagen stark durch den Pilz Peziza Willkommii, welcher den Lärchenkrebs veranlasst, befallen.

Bei ihrer Kultur sind daher Orte mit stagnierender Luftfeuchtigkeit und Anbau in reinen Beständen zu vermeiden. Wo solche sich finden, sollen sie mit Laubholz unterbaut werden, damit die pilzbefallenen Lärchennadeln von der Laubstreu gedeckt werden und die Belaubung des Unterholzes die Verbindung des am Boden liegenden Pilzes zu den Lärchenkronen hindert.

Viel hat sie auch durch die Miniermotte (Coleophora laricinella) zu leiden, welche die Knospen ausfrisst.

Eigentümlich ist ihre Neigung, unter der Wirkung des Windes an der Stammbasis eine säbelförmige Krümmung zu bilden.

Dagegen hat sie hohe Reproduktionskraft, da alle Kurztriebe zu Langtrieben auswachsen können.

Die kugelförmigen männlichen **Blüten** auf nichtbenadelten Kurztrieben entfalten sich gleichzeitig mit dem Laubausbruch, je nach dem Standort, im März bis Ende Mai. Die gelben Pollensäcke springen mit Querriss auf. Die Pollenkörner entbehren der

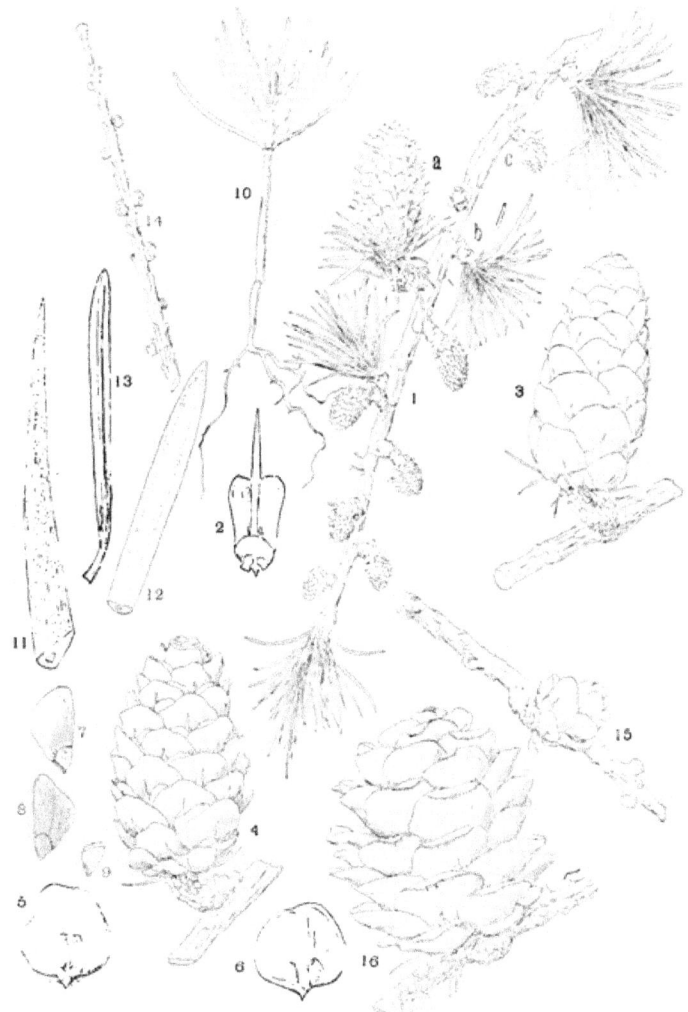

Fig. 51. Larix.
Larix europaea DC. 1—14 incl.   Larix americana Michx. 15.
Larix leptolepis Murr. 16.

1. Langtrieb mit zahlreichen benadelten Kurztrieben (b), mit einem benadelten Kurztriebe, welcher eine weibliche Blüte (a) trägt und mit nicht benadelten Kurztrieben, welche männliche Blüten (c) tragen. 2. Blütenschuppe, die rote Deckschuppe ist zur Blütezeit gross, die kleine Samenschuppe trägt die 2 Ovula. 3. Reifender, noch geschlossener grüner Zapfen. 4. Reifer geöffneter Zapfen. 5 und 6. Schuppen des reifen Zapfens, von aussen mit der Deckschuppe und von innen. 7. Geflügelter Same von unten. 8. Geflügelter Same von oben. 9. Künstlich vom oberen Flügelteil befreiter Same von unten, mit dem Rande des abgerissenen Flügels oben. 10. Keimling 11. Cotyledo. 12. Primärblatt. 13. Gewöhnliche Nadel. 14. Langtrieb im Winterzustand. — 15. Reifer Zapfen von Larix americana Michx. 16. Reifer Zapfen von Larix leptolepis Murr. Alles in natürl. Grösse, nur Fig. 2, 11, 12, 13 vergrössert.

Flugblasen. Die schön roten weiblichen Blüten auf benadelten Kurztrieben mit langen Deckschuppen und noch nicht sichtbaren Samenschuppen krümmen sich aufwärts. Oftmals wächst der Trieb noch am Ende des Zapfens als normal beblätterter Spross weiter (sog. durchwachsene Zapfen) und stirbt erst ab, wenn der Zapfen reift und vertrocknet. Die heranwachsenden Zäpfchen, deren Achse und Samenschuppen behaart sind, werden grün und haben rotgerandete Samenschuppen, während die Deckschuppen schliesslich nur noch an der Zapfenbasis zwischen denselben hervorsehen.

Die Zapfen, zur Reifezeit im Oktober—November braun und 2—4 cm lang, öffnen sich bei trockenem Wetter im Frühjahr und schliessen sich abwechselnd bei feuchtem wieder. Ein Teil ihrer Samen fliegt aus. Die Zapfen bleiben Jahre lang am Baume hängen und enthalten immer noch einige Samen. Die Zapfen müssen beim Klengen künstlich zerrissen werden, damit die Samen ausfallen können. Die Samen bleiben fest mit den Flügeln verwachsen und müssen ebenfalls künstlich in Mühlen von denselben befreit werden. Die Samen sind dreieckig, 4—5 mm lang, vom Flügel oberseits auf der oberen, gewölbteren Seite gedeckt und mit ihm verwachsen, daher glänzend braun, unterseits von ihm an der Spitze bedeckt und hier auch braun, sonst unterseits weisslich mit braunen Tupfen.

Alle 3—5 (6—10) Jahre ist ein Samenjahr. Im Gebirge seltener wie in der Ebene, wo die Pflanzen auch früher (schon mit 15—20 Jahren) mannbar werden. Die Samen halten ihre Keimdauer 3—4 Jahre. Sie haben aber nur 20—30% Keimfähigkeit und sind daher viel dichter zu säen wie Samen von Kiefer und Fichte. Sie laufen 3—5 Wochen nach der Saat auf.

Der Keimling hat 6 (4—8) ca. 15 mm lange dreikantige, ganzrandige Cotyledonen, ganzrandige blaugrüne Primärblätter und rötliches Stämmchen.

Die Triebe der Jährlinge behalten im Winter am Gipfel ihre Blätter. Mehrere Blätter der Jährlinge besitzen schon beschuppte, kugelige Achselknospen, die im zweiten Jahre Kurztriebe bilden.

Die Blätter sind zart, weich, unterseits mit zwei Spaltöffnungslinien versehen und 2—5 cm lang.

Die Zweige haben nur an einem Teil der Blätter Achselknospen; die junge Rinde, rauh von den Blattkissen, ist gelblichgrün, an armsdicken Zweigen beginnt die Bildung der Schuppenborke, die sehr dick wird und an Bruchstellen rosa erscheint. Die Aeste zweiter Ordnung hängen vielfach strickartig herab und werden vom Winde in pendelnde Bewegung versetzt.

Die Wurzeln gehen tief in den Untergrund.
Das Holz hat schmalen gelben Splint und schönen rotbraunen Kern. Die Herbstholzzone ist beiderseits scharf abgesetzt. Die Harzkanäle sind zahlreich, aber fein. Das Holz ist gut spaltbar und sehr dauerhaft, im Hochgebirge gleichmässig engringig und wird zu Hoch-, Wasser- und Erdbau verwendet, insbesondere zu Balken, Brettern, Schwellen etc.
Aus dem harzreichen Holz wird der sogenannte venetianische Terpentin gewonnen.

Besondere Formen der europäischen Lärche sind:
Wuchsformen: pendulina, eine schlanke Pyramide, hat abwärts gebogene Aeste; pendula mit hängenden Aesten und Gipfel, kommt auch blaugrün als glauca Form vor; compacta, Pyramidenform; Kellermanni, Busch; multicaulis, eine Zapfenform; fastigiata spitze Pyramide mit aufstrebenden Aesten; alba mit grünlichen Blüten.

L. sibirica Led. Nur in Sibirien mit grösseren, stärker behaarten Zapfen, bald mit gelbgrünen, bald mit bräunlichen, selten mit weisslichen weiblichen Blüten, früherer Belaubung und Entlaubung wie bei unserer Art. Soll auch schneller wachsen und ganz gerade Stämme bilden.

L. dahurica Turczan. Im Amurgebiete und besonders auf Sachalin in Beständen von 20 m hohen Bäumen, im Norden als Krüppel (montana oder alpina), auf kalten Mooren und in den dahurischen Alpen in Buschform (prostrata). Zapfen klein und reif klaffend wie ein Tsugazapfen.

L. japonica (Maxim.) [syn. dahurica var. japonica Maxim. und Kurilensis Mayr]. Nach Mayr auf den Kurilen nördlich von Shikotan in Mischwaldungen mit Abies Sachalinensis und Picea Ajanensis, mit blauroten behaarten Trieben. Auch in Kamtschatka, Sachalin, Mandschurien.

Larix leptolepis Murr. (syn. L. japonica Carr.). Im mittleren Nippon, nördlich von Tokio in dem unteren Teil der Berge bis zur Baumgrenze häufig vorkommend und als Baum von 36 m Höhe in Horsten im Mischwalde auftretend. Sie ist durch blaugrüne steifere Nadeln, dunkelrötliche Triebe und die weiblichen Blüten mit gelbgrünen, rot gerandeten Samenschuppen charakterisiert.
Sie ist in deutschen Waldungen versuchsweise kultiviert, ist bis jetzt völlig hart und ist gut gediehen. Sie ist wohl durch ihre Benadelung in der Ebene weniger gegen Frost und Trocknis em-

pfindlich wie unsere Lärche, jedenfalls wird sie bis jetzt weniger von Coleophora laricinella befallen.

Für Parkanlagen ist sie wegen der schönen blaugrünen Belaubung empfehlenswert.

Larix americana Michx. (syn. L. microcarpa Lamb.). Ein 25—30 m hoher Waldbaum des östlichen Nordamerika, etwa vom 40.—60.° n. Br., besonders in Canada wertvolle Stämme bildend. In Sümpfen, die er bedeckt, ist er jedoch geringwüchsig. Er kommt im südlichen Teil mit Abies balsamea, Picea alba und nigra und Thuja occidentalis vor. Ausgezeichnet ist er durch sehr kleine Zäpfchen und hellere Borke wie die unserer Lärche. In Deutschland ist er schon vielfach zapfentragend, so z. B. im Darmstädter botanischen Garten.

Larix occidentalis Nutt. Aus dem westlichen Nordamerika, besonders in den Gebirgen zwischen 40. und 53.° n. Br., über 40 m hoch werdend und in ausgedehnten reinen Beständen, steigt sie fast bis 2000 m empor. Die Deckschuppen sehen weit am reifen offenen Zapfen zwischen den weit geöffneten Samenschuppen hervor.

Larix Lyallii Parl. Aus der oberen Waldgrenze der Gebirge des nordwestlichen Nordamerika um den 50.° n. Br., besonders der Cascadeberge, mit wollig behaarten jungen Trieben und roten Deckschuppen.

Larix Griffithii Hook. Aus dem Himalaya, mit lang cylindrischen Zapfen und breit herausragenden umgeschlagenen Deckschuppen, ist kaum hart und noch gar nicht echt bei uns vorhanden.

Pseudolarix

mit der einzigen Art:

Pseudolarix Kaempferi (Lamb.), chinesische Goldlärche. Baum aus dem nordöstlichen China. Die männlichen Blüten sitzen in Büscheln auf unbeblätterten Kurztrieben. Die Zapfen auf beblätterten Kurztrieben zerfallen zur Reifezeit; sie sind 6—7 cm lang mit breiten Samenschuppen. Die sehr langen Blätter färben sich vor dem Abfall gelb. Die Knospenschuppen sind zugespitzt, die Kurztriebe ohne Haare, während die Knospenschuppen der Lärchen abgerundet sind und die Kurztriebe Haarkränze haben. Ein zapfentragender 37 Jahre alter Baum steht in Karlsruhe. Sie kommt vielfach in Krüppelform vor.

III. Taxodieae.

Die Fruchtblätter der holzigen Zapfen sind höchstens im oberen Teile in Deck- und Samenschuppe getrennt. Oft ist die Trennung nur durch eine Anschwellung auf der Innenseite des Fruchtblattes angedeutet. Die 2—8 Samen stehen aufrecht, achselständig oder sie sind auf der Fläche angewachsen und schliesslich umgewendet. Die Staubblätter der männlichen Blüten tragen 2—8 sich durch Längsspalt öffnende Pollensäcke. Die Pollenkörner haben keine Flugblasen. Die Taxodieen oder Cunninghamieen enthalten sieben Gattungen und zwar zwei (Sequoia und Taxodium) in Nordamerika, vier (Cryptomeria, Sciadopitys, Cunninghamia, Glyptostrobus in China-Japan. Nur Arthrotaxis kommt jenseits des Aequators südlich von Australien auf Tasmanien vor. Es gehören zu ihnen die gewaltigsten Coniferen der Welt (Sequoia im westlichen Nordamerika).

Sciadopitys
mit der einzigen Species:

Sciadopitys verticillata Sieb. et Zucc., japanisch Kojamaki, japanische Schirmtanne.

Ein Waldbaum der Laubholzregion der südöstlichen Gebirge Nippons. In Japan forstlich gezogen und in Gärten- und Tempelhainen gepflegt, wird er 20—40 m hoch, erreicht 1 m Durchmesser und wird über 100 Jahre alt. Er wächst im Mischwald mit Cryptomeria japonica, Thujopsis dolabrata, Chamaecyparis, Torreya, Podocarpus etc. in Erhebungen von 400 bis 1000 m. Sein helles, kernfreies Holz wird in Japan zu Schiff-, Hoch- und Wasserbau benützt.

Die Schirmtanne ist charakterisiert durch ihre schirmförmig ausgebreiteten, im Quirl stehenden Kurztriebe, welche aus zwei verwachsenen Nadeln bestehen, wie jene der Kiefern aus zwei, drei, fünf nur selten verwachsenen Nadeln gebildet sind. Die einfachen Blättchen stehen als Schüppchen an den Langtrieben und tragen zum Teil Achselknospen, die zu Seitenzweigen auswachsen. Die Doppelnadel hat unterseits eine weisse Rinne mit den Spaltöffnungen. Der Habitus der Schirmtanne ist durchaus eigenartig. Sie wächst bei uns in den milden Gegenden gut, soll aber auch härtere Winter aushalten. In Bozen und Meran wächst sie ebenso schnell wie in ihrer Heimat, wo sie auch — besonders in der Jugend — langsamwüchsig ist. Ein Exemplar auf Wilhelmshöhe bei Kassel soll keimfähige Samen tragen.

Fig. 52. Sciadopitys verticillata Sieb. et Zucc. Fig.-Erkl. s. S. 105.

Eine panachierte Form geht unter dem Namen variegata.

Die flachen braunen, derb geflügelten Samen hängen frei, etwa zu sieben nebeneinander, von der Mitte der Samenschuppen, wo sie angewachsen sind, nach deren Basis herab und fliegen nach der Reife heraus. Sie keimen bei Frühlingssaat nach etwa zwei Monaten zum Teil, liegen aber zum Teil über bis zum nächsten Frühling. Bei Herbstsaat in Töpfen gehen sie zum Teil im Winter schon auf. Sie entwickeln zwei grosse, zungenförmige, oben glänzend grüne Cotyledonen und zum Teil noch 2—4 Primärblättchen. In Japan werden die dreijährig verschulten Pflanzen in den Wald gebracht.

Die männlichen Blüten stehen an der Basis der Maitriebe. Die weiblichen bilden kleine gestielte Zäpfchen, die im zweiten Frühling reifen. Dieselben wachsen dann zu 6—9 cm langen, walzigen, ziemlich weichen, braunen Zapfen aus, welche durch den behaarten wulstigen Rand der der Samenschuppe aufgewachsenen Deckschuppe und den zurückgerollten Randwulst der Samenschuppe auffallen. Sie sitzen aufrecht und fallen im ganzen ab. Sie sind häufig vom Zweige durchwachsen und daher von einem Blattbüschel gekrönt.

Cunninghamia

mit der einzigen Species:

C. sinensis R. Br. (syn. Belis jaculifolia Salisb., Pinus lanceolata Lamb.), chinesisch San-shu, Zwittertanne, Spiessstamme.

Ein Baum von 12—15 m Höhe aus dem südlichen China und Cochinchina, erinnert im Habitus an Araucaria Bidwillii, hat aber keine so regelmässige Quirlbeastung; er ist befähigt, nach dem Abtrieb Stockausschläge zu bilden und ersetzt durch Frost oder Verletzungen verlorene Zweige bald durch Austreiben schlafender Knospen. Er hält in milden Lagen ohne allzu strenge Winter aus und gedeiht schön an den oberitalienischen Seen (Isola madre, Villa Serbelloni in Bellagio), auch noch in Meran, Bozen, Arco und im milderen England. Er wird am besten durch Saat erzogen, doch wachsen Stecklinge auch leicht an.

Die Samen hängen zu drei von der Samenschuppe, auf deren unterem Teil sie angewachsen sind. Sie sind glatt und schmal geflügelt. Der Keimling hat zwei Cotyledonen.

---

* **Figurenerklärung von Fig. 52 Sciadopitys verticillata**: 1. Zweig mit reifem, geschlossenem Zapfen. 2. Schuppe von innen mit den Ansatznarben der abgefallenen Samen 3. Same. 4. Zweig mit schuppenförmigen einfachen Blättern und im Quirl stehenden Kurztrieben mit je 2 verwachsenen Nadeln. Alles natürl. Grösse.

Die Zweige sind nackt und tragen die wechselständig sitzenden Blätter nach 2 Seiten gekämmt.

Die Blätter sind steif, schwertförmig, zugespitzt, mit gesägtem Rande, zwei weissen Spaltöffnungsstreifen unterseits, und

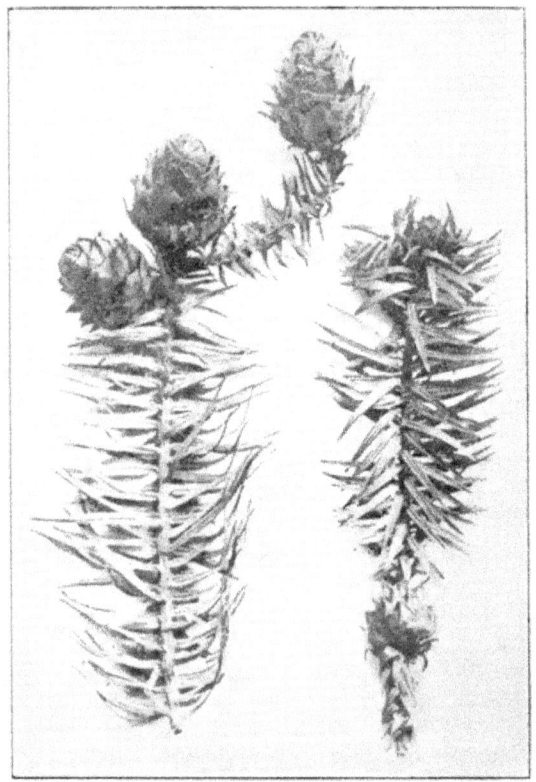

Fig. 53. Cunninghamia sinensis R. Br.
Zapfentragende Zweige. Der Zweig rechts zeigt an der Basis einen Zapfen, der zu dem Zweig ausgewachsen ist. Länge des Zweiges rechts 19½ cm.

sitzen mit herablaufendem Blattgrund am Zweig. Sie sind mehrjährig.

Die unbehaarten Zapfen sind eiförmig, etwa Wallnussgross, mit dünnen, sparrig abstehenden Schuppen; sie sind häufig vom

Zweige durchwachsen. Die Zapfenreife ist einjährig. Die Samenschuppe mit den Samen erscheint nur als ein oben gezahnter kleiner Auswuchs der grossen, allein als Schuppe sichtbaren Deckschuppe.

Eine Form (glauca) ist durch besonders weiss leuchtende Spaltöffnungsreihen auf der Blattunterseite charakterisiert.

Fig. 54. Cunninghamia sinensis R. Br.
Zapfen nach der Reife. Links Zapfenschuppe von innen mit den Basalnarben der abgefallenen Samen. Rechts dieselbe von aussen. Alles natürl. Grösse.

Arthrotaxis

mit nur drei Species in Tasmanien, nämlich A. cupressoides Don., A. selaginoides Don. und A. laxifolia Hook. Sie sind immergrüne, grössere und kleinere Bäume mit angedrückt schuppenförmigen oder kurz nadelförmigen Blättern. Am Ende der gewöhnlichen belaubten Zweige stehen männliche und weibliche Blüten. Die kleinen kugeligen Zapfen haben dicke, dachige Fruchtblätter mit wulstförmiger, ganzrandiger Anschwellung auf der Innenfläche. Auf jeder Samenschuppe sitzen 3—5 umgewendete Samen.

In England werden sie im Freien kultiviert, in Deutschland nur als Kalthauspflanzen.

Sequoia.

Waldbäume mit kleinen endständigen Zapfen, deren schildförmigen Schuppen keine Trennung zwischen Samenschuppe und

Deckschuppe erkennen lassen. Sie tragen die zur Reifezeit umgewendeten Samen (4—9) auf der Mitte der Oberfläche. Die Knospen sind unbehüllt. Sie bilden nur zerstreut stehende Langtriebe. Es giebt nur zwei Arten, beide in Kalifornien.

Sequoia gigantea Dec. (syn. Wellingtonia gigantea Lindl., Washingtonia californica Winsl.), Riesensequoie, Wellingtonie, Mammuttanne. Der grösste Nadelholzbaum der Welt, der auch unter den Laubhölzern nur durch australische Eucalyptus-Arten an Länge übertroffen wird. Er erreicht über 120 m Höhe und über 20 m Durchmesser und ein Alter von ein paar tausend Jahren. Sein Kernholz ist rotbraun, sehr leicht, aber doch dauerhaft; der gelbliche Splint ist nur etwa decimeterbreit. Die längsfaserige Ringelborke erreicht $\frac{1}{2}$ m Dicke. Die Aeste sitzen in vertieften Rinnen der Borke. Der Wuchs ist bleibend konisch, da der aufstrebende Stamm nur relativ geringe, ihn dicht umschliessende Seitenbeastung hat. Er ist stets sehr abholzig, d. h. sich sehr stark gegen die Spitze zu verjüngend und hiedurch von der Form eines Cylinders stark abweichend. Dieser Wuchs ist beim einzelstehenden, lange bis zur Erde beastet bleibenden Parkbaum besonders schön. In seinen heimatlichen Waldungen bildet er bis über 60 m einen astreinen Schaft. Dieser Riese unter den Bäumen wurde erst 1850 in der Sierra Nevada entdeckt an einem Punkte, wo in 1500 m Seehöhe ein ganzer Hain von ca. 90 Stämmen solcher Riesen stand. Später fand man noch weitere Bestände desselben an verschiedenen Stellen der Sierra Nevada bis 2000 m Höhe, doch sind viele Stämme von den Sägemüllern abgeholzt worden. Einige Horste sind seitdem, um sie zu erhalten, als Nationaleigentum erklärt worden. Der Baum gedeiht vorzüglich in Bozen, Meran und den geschütztesten Gegenden Deutschlands, wie auf Mainau, wo er

Fig. 55.
Sequoia gigantea Lindl.
Aus Bozen.

in 30 Jahren ca. 22 m Höhe und 70 cm Durchmesser in Brusthöhe erreichte, in Heidelberg etc., hat auch in Giessen als junger Baum schon Zapfen gebracht. In rauheren Gegenden geht er bei kalten Wintern zu Grunde. Er kann daher nur in Gärten angebaut werden.

Man zieht ihn durch Samen oder Stecklinge, giebt ihm guten lockeren, durchlässigen Boden und verschult ihn öfters (in Töpfen alljährlich). Spätes Umpflanzen und dichte Deckung verträgt er

Fig. 56. Sequoia gigantea Dec.
Lebender Zweig von der Insel Mainau vom 1. Juli 1896. Länge der einzelnen Zapfen 5 cm.

schlecht. Trocknende Sonne oder Winde bei gefrorenem Boden schaden am meisten.

Der berühmte Riese, in dessen auf 7 m Höhe abgeschälter und aufgestellter Rinde ein Klavier und 40 Erwachsene oder 140 Kinder Raum fanden, durch dessen tunnelartig durchbrochenen Stamm ein Postwagen fahren kann, hat nur eigrosse Zapfen mit flachen, nur 6 mm langen, leichten, an beiden Rändern geflügelten Samen und kleine Nadeln. Der Keimling hat nicht zwei, sondern drei, vier und fünf Cotyledonen. Die spiralig stehenden Nadeln sind pfriemlich, ähnlich wie bei Cryptomeria und Araucaria excelsa, am Zweige mit dem Blattgrunde herablaufend und von mehrjähriger Dauer. Sie werden am Ende des Triebes kürzer. Die Zapfen, welche schon von jungen Pflanzen getragen werden, dann aber meist tauben Samen haben, sind nur 5—6 cm lang, eiförmig. Die gestielten Zapfenschuppen bilden nach aussen breite rhombische, in der Mitte genabelte Schilder. Sie reifen im ersten Herbste, worauf die Samen ausfliegen. Männliche und weibliche Blüten sitzen am

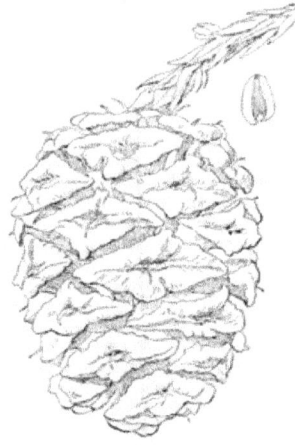

Fig. 57.
Sequoia gigantea Dec.
Reifer geöffneter Zapfen und Samen in natürl. Grösse.

Fig. 58.
Sequoia gigantea Dec.
Keimling mit 4 Cotyledonen.
Natürl. Grösse.

selben Baume endständig auf kurzen Seitenzweigen mit schuppig anliegenden Nadeln.

Farbenformen: glauca mit bläulichem Laub; aurea oder lutea mit gelblichem Laube; argentea, silberglänzend; variegata, panachiert.

Wuchsformen: pendula mit abwärts hängenden Seitenästen; Holmsii, dicht gedrungene Säule; pyramidalis, schlank und schmal und als glauca blaugrün; pygmaea, zwergiger Busch.

Sequoia sempervirens Endl. (syn. Taxodium sempervirens), Eibensequoie. Der verbreitetste und wertvollste Nadelwaldbaum des Küstengebirges in Westcalifornien (nördlich bis S. Francisco) in besonders luftfeuchter und bodenfrischer, milder Lage in reinen Beständen an den Berghängen der Flussthäler, bis 700 m emporsteigend, zum Teil mit Douglastannen gemischt, erreicht Höhen bis 115 m und eine Stärke ähnlich der Seq. gigantea. Wie diese ist der Wuchs konisch, abholzig. Der noch mehr geradschaftige Stamm reinigt sich bis über 70 m von den Aesten. Aus den Wurzelanläufen entsprossen zahlreiche Triebe, die zu riesigen Stämmen heran-

— 111 —

wachsen. Auch treten diese Ausschläge auf, wenn die Stämme selbst abgeholzt werden. Sie entwickeln sich noch an Stämmen im Alter von 700 Jahren. Das rote Kernholz ist sehr leicht, aber dauerhaft und wird hauptsächlich als Bauholz in Californien, ferner aber auch zu Schwellen, Brettern, Weinfässern, Wasserbauten und Musikinstrumenten verwendet und in Massen aus dem

Fig. 59. Sequoia sempervirens Endl.
Fast horizontaler Zweig mit fast reifen, geschlossenen, grünen Zäpfchen von 2 cm Länge.
Aus Bozen anfangs August.

Walde gebracht. Die Borke ist eine längsfaserige Ringelborke. Für Deutschland ist die Kultur wieder nur in den mildesten Lagen möglich.

Aeltere gut wachsende Bäume findet man schon in Bozen (Kirchebner Garten).

Sie wird durch Samen und Stecklinge vermehrt.

Die Samen sind klein, platt, beidrandig geflügelt. Die Nadeln ähnlich jenen der Eibe, haben unterseits zwei weisse Spaltöffnungsreihen. Sie sind vorne zugespitzt. Sie sind am Anfang und

Ende des Zweiges kürzer und in der Mitte am längsten und stehen nach 2 Seiten gekämmt. Am Zweigende bilden sie einen Büschel wie Knospenschuppen, aber nur die untersten hievon werden zum Frühling trockenhäutig, die anderen bilden die ersten Nadeln des sich streckenden Frühlingstriebes. Die Nadeln laufen mit dem Blattgrunde am Zweige lang herab. Wie bei Seq. gig. werden sie an fruchtenden Zweigen dick und fast schuppenförmig. Männliche und weibliche Blüten sitzen am selben Baume. Die grünen Zäpfchen werden zur Reifezeit holzig und braun. Sie sind nur 15—20 mm lang und wie jene von Seq. gig. gebaut. Auf jeder Schuppe hängen etwa fünf Samen; sie keimen einige Wochen nach der Frühlingssaat mit zwei (—6?) Cotyledonen.

Cryptomeria

mit der einzigen Species:

Cryptomeria japonica Don. Sugi., Cryptomerie. Ein wertvoller Waldbaum der Berge des südlichen Japan zwischen 200 und 800 m und in grossen, nur durch Kultur entstandenen Waldungen vielverbreitet, auffallend durch den hohen, astreinen Stamm mit der tiefgefurchten längsrissigen Faserborke und einem überaus vielfach verwerteten Holze. Er gedeiht in Japan auf verschiedenen Böden und erscheint dort wenig frostempfindlich, aber stets sehr lichtbedürftig und empfindlich gegen Trocknis. Er wird durch Saat und Stecklinge gezogen und giebt auch noch bei 25 Jahren reichlichen Stockausschlag und wird über 60 m hoch. Er wurde daher warm zur forstlichen Kultur in Deutschland empfohlen. Er hat sich aber mit Ausnahme der mildesten Lagen (am Rhein, Mainau, Bozen etc.) als frostempfindlich gezeigt. Besonders vertrocknen auch bei jungen Pflanzen die über den Schnee ragenden Teile. Die Cryptomerie scheint daher mehr nur in mildem, feuchtem

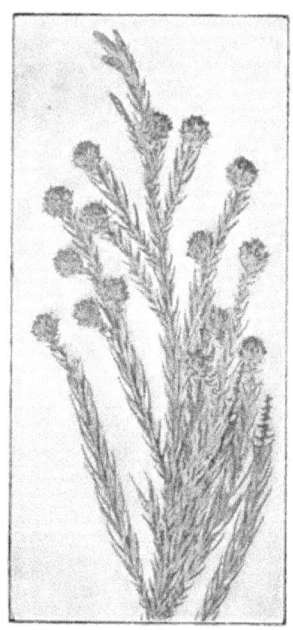

Fig. 60.
Cryptomeria japonica Don.
Zapfentragende Zweige. Rechts unten Zweige, die am Ende männliche Blüten getragen hatten.

Seeklima ihr volles Gedeihen zu finden und ist ihre forstliche Kultur in Deutschland so ziemlich aufgegeben. Aus gleichen Gründen ist sie auch wenig in Parkanlagen zu treffen. Man findet sie dagegen viel als Topf- und Kübelpflanze, da sie sich schön und regelmässig aufbaut und sehr an Araucaria erinnert, wenn ihr auch die quirlige Beastung fehlt.

Die pfriemlichen Nadeln sind lang herablaufend ähnlich jenen von Araucaria excelsa. Siehe Fig. 1. Seite. 8.

Die männlichen Blüten, welche nackt überwintern, stehen in braunen, 2—3 cm langen Aehren. Die weiblichen stehen einzeln am Ende kurzer Zweige und geben einen eiförmigen, oftmals durchwachsenen Zapfen von 15—30 mm Länge. Die Fruchtblätter bestehen aus grösserer, vielzackig endender

Fig. 61.
Cryptomeria japonica Don.
Zweig mit reifem Zapfen. Einzelne Samen in nat. Gr. (S. auch die Abb. Fig. 1 S. 8.)

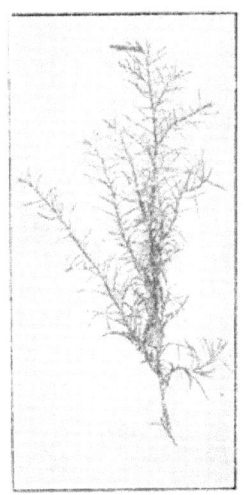

Fig. 62.
Cryptomeria japonica forma elegans.
Nur mit abstehenden schmalen Blättern ohne dekurrente Basis.

von Tubeuf, Coniferen.

Innenschuppe und kleinerer, mit ihr verwachsener und mit der Spitze nach aussen gekrümmter Aussenschuppe. Die entleerten Zapfen bleiben noch im folgenden Sommer am Zweige hängen.

Die Ovula stehen zu 3—5 aufrecht auf der Samenschuppe und wachsen zu flachen bis dreikantigen, verschieden gestalteten dunkelbraunen, 4—6 mm langen und 1—3 mm breiten, mit kaum verdünnten Rändern versehenen Samen heran. Die Samen laufen nach einigen Wochen auf.

Der Keimling trägt drei Cotyledonen, die ca. 10 mm lang sind und oben matt grün, unten glänzend grün erscheinen. Die ersten Blättchen stehen in einem zwei- bis vierzähligen Quirle, die folgenden in dreizähligen Quirlen und sind ebenfalls oben mattgrün mit zwei blauweissen Spaltöffnungsstreifen.

Die späteren Blätter haben lang herablaufende Basis und sind dreikantig,

8

derb und in eine derbe Spitze sich verjüngend. Sie haben etwa siebenjährige Lebensdauer.

Die **Knospen** sind nicht von Schuppen bedeckt.

Die **Aeste** stehen zerstreut und nicht in regelmässigen Quirlen wie bei den Araucarien.

Das **Holz** ist in Japan das am meisten verwendete Coniferen-Nutzholz, es ist leicht zu bearbeiten und dauerhaft. Die Borke wird zum Decken der Hausdächer benützt.

Von den kultivierten **Formen** ist am meisten elegans verbreitet, eine Jugendform mit weichen langen Blättern ohne dekurrente Basis, die also mit den Keimlingsblättern übereinstimmen. Sie liefert nur wenig keimfähigen Samen und wird wie die anderen Formen durch Stecklinge vermehrt, sie bleibt meist buschförmig.

Andere **Wuchsformen** sind: gigantea, sehr üppig; compacta, dicht gedrungen, härter, aufrecht; compacta nana, ein dichter Zwerg; nana, unregelmässige Zwergform, die auch mit weissen Spitzen (albo-spica) vorkommt; pungens mit steif stehenden Nadeln; araucarioides in Blättern und regelmässiger Aststellung ähnlich der Araucaria excelsa; dacrydioides ähnlich einem Dacrydium; lycopodiiformis einem Bärlapp ähnlich; spiraliter falcata mit anliegenden spiralig gedrehten Nadeln.

An **Farbenformen** unterscheidet man aurea, goldgelb; albo-variegata, weissbunt.

Taxodium.

Nordamerikanische, sumpfbewohnende, winterkahle Waldbäume, deren begrenzte Triebe ganz abgeworfen werden. Männliche Blüten stehen in Aehren oder Rispen am Ende vorjähriger Triebe. Die weiblichen sitzen am Grunde dieser Rispen oder an besonderen Zweigen. Sie geben kugelige Zapfen mit wenigen, dachigen Fruchtschuppen, die zur Reifezeit einen gekerbten schuppenförmigen Innenauswuchs zeigen. Die zwei Samen stehen in der Achsel der Schuppen und sind mehrkantig, ungeflügelt. Sie reifen im ersten Jahre und werden durch Zerfall des im ganzen abfallenden Zapfens frei. Die Keimlinge haben 5—9 Cotyledonen. Nur zwei Arten, von denen die eine, „T. mexicanum Carr.", für unser Klima zu empfindlich ist. Sie tritt in starken Bäumen zwischen 1600 m und 2300 m auf den mexikanischen Gebirgen bestandbildend auf und unterscheidet sich von T. distichum hauptsächlich dadurch, dass ihre Absprünge erst im Nachwinter völlig abgeworfen werden.

Taxodium distichum Rich., Sumpfcypresse. Dieser bis 46 m Höhe erreichende Waldbaum bildet Bestände und Horste in den Sümpfen des südöstlichen Nordamerika von Texas bis Florida und nördlich höchstens bis zum 43.° n. Br. in Virginien. Er gedeiht im nassen Sumpf und im feuchten Sande, wie auch an Fluss- und Seeufern. In Deutschland vielfach kultiviert, erweist er sich in der Jugend frostempfindlich und muss daher geschützt werden. Später ist er in den milderen Gegenden frosthart, zumal er ja die Blätter im Herbste verliert. Er ist nur im Sommer schön, besonders an Seeufern und in den Hängeformen. Er besitzt ein schönes freudiges Grün der Belaubung, welches er im Herbste vollständig verliert.

In Sümpfen und an Seen bilden die flachstreichenden Wurzeln massive knieförmige Auswüchse über dem Boden, die fast nur nach oben zuwachsen und selbst meterhoch sich in grosser Zahl um die Stämme erheben. Sie dienen als Atmungsorgane der im übrigen von Wasser bedeckten Wurzeln und finden sich schon an jüngeren Pflanzen, wie z. B. im Toggenburg-Garten in Bozen. Sie fehlen aber selbst bei starken Bäumen, wenn dieselben auf trockenem Grunde stehen und höchstens vom Grundwasser die nötige Feuchtigkeit erhalten, wie z. B. im Schlossgarten zu Karlsruhe.

Die Sumpfcypresse besitzt auch eine sehr starke Stammverdickung an der Basis und somit sehr abfällige Form des sonst geraden und astreinen Stammes, der von rotbrauner, flach längsrissiger Borke bedeckt ist.

Fig. 63.
Taxodium distichum Rich.
Junge Pflanze mit Langtrieben und daran seitlich sitzenden begrenzten beblätterten Trieben, welche im Herbste abfallen. Die Höhe der ganzen Pflanze beträgt 35 cm.

Die zarten Blättchen stehen an den Haupttrieben ringsum spiralig und fallen von denselben im Herbste ab. Die Seitentriebe, an welchen die Blättchen gescheitelt sitzen, werden ganz abgeworfen (sog. Absprünge). Die Blättchen an denselben nehmen von der Mitte nach Basis und Spitze der Triebe an Grösse allmählich ab.

Die grünen weiblichen Zäpfchen bestehen aus gestielten Schuppen mit rhombischer Aussenfläche, auf der die Spitzen der angewachsenen Deckschuppe abstehen. Der reife, schwammigholzige graue Zapfen ist eiförmig, ca. 20—25 mm lang und zerfällt leicht. Die Schuppen tragen zwei schuppenförmige, vielflächige, an den freien Teilen glänzend schokoladefarbene Samen

Fig. 64. Taxodium distichum Rich.
Zweig mit reifendem, noch geschlossenem Zapfen. Natürl. Grösse.

von 12—15 mm Länge, die im ersten Jahre reifen. Die Keimlinge haben sechs dreikantige Cotyledonen und spiralig gestellte erste Nadeln am Trieb. Sie sind ziemlich schnellwüchsig und treiben bald Seitenäste. Auf den Stock gesetzt schlagen selbst ältere Stämme aus. Die Kultur geschieht durch Saat, die Zucht der Formen durch Veredelung.

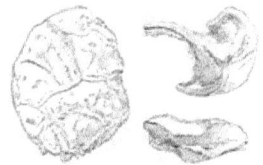

Fig. 65.
Taxodium distichum Rich.
Reifer Zapfen, einzelne Schuppe und Same in natürl. Grösse.

Das Splintholz ist gelblich, der Kern braun und sehr dauerhaft, weshalb die Stämme zu Nutzholz geschätzt sind.
In Deutschlands Forsten sind sie noch nicht angebaut, in Parkanlagen dagegen oftmals zu treffen, so findet sich eine schöne Allee grösserer Bäume in Wörlitz; häufig sind die Hängeformen: pendulum, pendulum elegans, pendulum novum, nutans, denudatum. Aufstrebende Wuchsformen sind: fastigiatum, pyramidatum. Eine Strauchform geht als nanum und eine besonders dunkelgrüne buschige Form als nigrum.

Glyptostrobus.

Nur mit zwei Arten, nämlich **G. pendulus** Endl. und **G. heterophyllus** Endl., in China mit begrenzten Zweigen, welche im Herbste abgeworfen werden und lineale, abstehende Blättchen tragen, und mit ausdauernden Zweigen, die schuppenförmige Blätter haben. Die gestreckt eiförmigen, endständigen Zapfen zerfallen bei der Reife. Die aufrechten Samen sind schwach geflügelt.

Diese kleinen Bäume oder Büsche, von den Chinesen an den Rändern der Reisfelder gebaut und an anderen nassen Standorten vorkommend, werden dort als Wasserfichten bezeichnet. In Deutschland können sie nur im Kalthause kultiviert werden.

IV. Cupressineae.

Unter den Cupressineen kommen hochstämmige, wichtige Waldbäume, besonders in Nordamerika und Japan vor, sowie kleine Strauchformen. Sie sind alle immergrün und haben grösstenteils eine schuppenförmige Belaubung. Nur die Primärblätter der Keimlinge sind stets nadelförmig. Belässt man an Keimlingen nur die Zweige mit den Primärblättern und schneidet jene mit den Schuppenblättern ab, so kann man Pflanzen mit solchen einfachen Blättern ziehen. Diese sogenannten Jugendformen werden dann durch Stecklinge vermehrt. Früher bildeten solche Jugendformen der Cupressineen zusammen die Gattung Retinispora. Die Cotyledonen sind immer oberirdisch und normal in der Zweizahl vorhanden.

Alle Laub- und Blütenblätter stehen in zwei-, drei-, vierzähligen Quirlen. Die männlichen Blüten sind kätzchenförmig, die weiblichen knospenförmig endständig entwickelt.

Die Staubblätter in 4—8 Quirlen tragen je 3—5 sich längsspaltig öffnende Pollensäcke. Die Pollenkörner haben keine Flugblasen. Die weiblichen Blüten bilden Zapfen (mit einfachen nach der Bestäubung mit einander verwachsenden Fruchtblättern), die nur bei den Juniperineen fleischig werden und geschlossen bleiben, sonst aber verholzen, zur Reifezeit aufspringen, ihre geflügelten Samen ausfallen lassen und später selbst abfallen. Die Samen (ein bis viele) stehen aufrecht in der Achsel der Fruchtblätter und reifen wieder mit Ausnahme von Juniperus und Cupressus im ersten Herbste.

Man ordnet sie in vier Abteilungen, die Actinostrobinae, Thujopsidinae, Cupressinae und Juniperinae, von welchen jedoch nur die drei letzten Abteilungen Arten enthalten, welche in unserem Klima ihr Gedeihen finden.

Actinostrobus Miq.

mit der einzigen Species:

A. pyramidalis Miq., ein über mannshoher dichter Busch aus dem südwestlichen Neu-Holland mit schuppenförmigen, in dreizähligen gegenständigen Quirlen stehenden Blättchen. Die kugeligen Zapfen sind von zahlreichen Quirlen von Hochblättern behüllt und bestehen aus glatten Schuppen in dreizähligen Quirlen, welche nach der Basis zu an Grösse abnehmen. Die sechsklappigen, zur Reife aufspringenden Zapfen enthalten auf den oberen Fruchtblättern je zwei dreiflügelige Samen. Der Keimling trägt zwei Cotyledonen. Diese Art kann in Deutschland nur im Kalthause kultiviert werden.

Callitris Vent.
(incl. Octoclinis F. v. Müller; Frenela Mirb. und Widdringtonia Endl.)

Diese Gattung unterscheidet sich von der vorigen besonders dadurch, dass die Zapfen nicht von Hochblättern behüllt sind, sondern einem gewöhnlichen Zweige aufsitzen. Die Quirle aller Blätter sind zwei-, drei- und vierzählig. Die Zapfen vier-, sechs- und achtklappig. Die Samen sitzen zu zwei bis vielen den Schuppen auf und sind beidkantig häutig geflügelt. Die Blätter sind meist schuppen-, seltener nadelförmig.

Man teilt die 15 in Afrika, Madagaskar, Australien, Neu-Caledonien vorkommenden Arten in vier den oben genannten Gattungen entsprechende Sektionen ein. Alle Arten halten bei uns im Freien nicht aus.

Sekt. I. Octoclinis: mit der einzigen **Callitris Macleyana** F. v. Müller, ein hoher Baum in Australien. Blattquirle vierzählig, Zapfen achtklappig. Blätter nadelförmig, an älteren Zweigen schuppig. Zweige dreikantig.

Sekt. II. Hexaclinis (Frenela Mirb.) mit sechs australischen Arten. Blattquirle dreizählig, Zapfen sechsklappig, im zweiten Jahre reifend. **C. rhomboidea** R. Br., ein Baum von 25 m Höhe; **C. australis** R. Br., hoher Baum im östlichen Neu-Holland; ferner **C. robusta** Cuningh., **C. verrucosa** Cuningh., **C. triquetra** Spach., **C. fruticosa** Endl.

Sekt. III. Pachylepis (Widdringtonia Endl.) mit vier Arten. Zapfen vierklappig, mit dicken, kantigen und höckerigen Schuppen, im zweiten Jahre reifend. Blätter an den sterilen Trieben zerstreut. **C. juniperoides** Endl., Baum von 10—12 m, am Kap der guten Hoffnung und besonders am Cedernberg häufig, Samenschuppen mit 1—3 Samen; **C. cupressoides** Endl., strauchförmig, der vorigen ähnlich und am selben Orte vorkommend. Samenschuppen mit 5—7 Samen; **C. Commersonii** Brong., Strauch auf Madagaskar; **C. Whytei**, ein Baum im östlichen Centralafrika und Mozambique.

Sekt. IV. Encallitris mit der einzigen Art **C. quadrivalvis** Vent., ein kleiner Baum in den Gebirgen des nordwestlichen Afrika von Algier bis Marokko, besonders im Atlas, mit flachen Zweigen, ähnlich Libocedrus mit schuppenförmigen Blättern in zweizähligen Quirlen. Zapfen vierklappig, die zwei äusseren Schuppen mit je 2—3 beidseitig breithäutig geflügelten Samen. Aus der Rinde fliesst nach Verletzungen „Sandarakharz", welches zu Firnis, Räucherwerk und medizinischen Zwecken verwendet wird.

Fitzroya Hook. (incl. Dischma Hook.).

Die kleinen kugeligen Zäpfchen bestehen aus zwei bis drei paarigen oder in dreizähligen Quirlen sitzenden Fruchtblättern, von welchen nur der oberste Quirl fruchtbar ist. Jedes Fruchtblatt trägt 2—3 zweiseitig geflügelte Samen. Die Schuppen der unteren Quirle decken schwach dachig die oberen etwas.

Von den zwei Arten ist **F. patagonica** Hook. im südlichen Chile ein 30 m hoher, horstweise im Walde eingesprengter, auf sumpfigem Terrain auftretender Baum mit rötlichem, äusserst wertvollem, dauerhaftem und leichtspaltigem, zu Schindeln, Fassdauben, Blindholz, Schreinerholz etc. verwendetem Kernholz, welches in Brettform auch vielfach ausgeführt wird. Die lanzettlichen, abstehenden Blättchen stehen meist zu drei im Quirl, seltener zu zwei oder vier gegenständig. Die Faserborke wird zu einer Art Werg verarbeitet. Die andere Art **F. Archeri** Benth. ist nur ein Strauch in Tasmanien mit schuppenförmigen Blättern in zweizähligen Quirlen und nur zwei Samen mit drei Flügeln auf jeder der oberen fruchtbaren Zapfenschuppen.

Thujopsis

mit der einzigen Species:

Thujopsis dolabrata Sieb. et Zucc., beiblätterige Hiba. Ein japanischer, langsamwüchsiger, in Mischung mit Laub- und Nadelhölzern und im Norden in reinen Beständen vorkommender, viel Schatten ertragender Waldbaum, der auch auf sandigen Böden gedeiht und an der Küste wie in den Bergen im Laubwald und in reinen Beständen vorkommt und in den tieferen Lagen über 30 m Höhe erreicht. Sein leichtes, stark und widerlich riechendes Holz wird viel zu Wasser- und Erdbau verwendet und ist hiebei sehr dauerhaft. In Deutschlands Wäldern ist er versuchsweise angebaut, in Parkanlagen längst verbreitet.

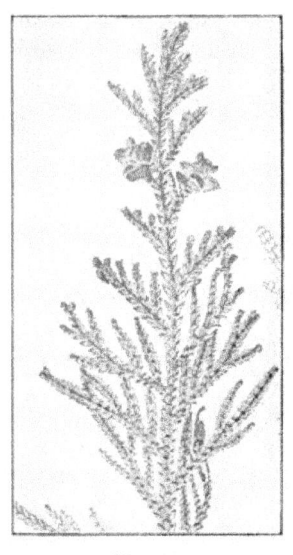

Fig. 66.
Thujopsis dolabrata
Sieb. et Zucc.
Zapfentragender Zweig von der Unterseite. Die weissbereiften Zapfen sind noch nicht reif.

Seine schuppigen, straff aufstrebenden Triebe sind sehr derb, die Seitenzweige durch die sehr breiten Blätter selbst breit und flach.

Die Blätter, oberseits dunkelgrün, unterseits mit sehr breiten, rein weissen, nur am Rande dunkelgrün umsäumten Flächen auf Kanten- und Flächenblättern sind sehr charakteristisch. Die Flächenblätter tragen oberseits eine Längsrinne.

Die Zapfen sind sehr dick, fleischig, aus 6—10 Schuppen bestehend, die schwache, dicke Spornauswüchse tragen; sie sind

Fig. 67. Thujopsis dolabrata Sieb. et Zucc.
Geöffneter und noch geschlossener Zapfen (vergrössert). Same in natürl. Grösse. Zweige von oben und Zweig von unten mit den charakteristischen weissen Spaltöffnungsflächen (vergrössert).

im ganzen fast kugelförmig. Die fertilen Schuppen tragen 4—5 Samen [bei Thuja und Libocedrus nur 2. (1—3)].

Die Samen, ca. 5 mm lang, flach, mit Harzbeulen bedeckt, haben nur einen schmalen, häutigen Flügelrand.

Die Keimlinge haben zwei ca. 7 mm lange Cotyledonen. Die nadelförmigen Primärblätter bilden einen zweizähligen und dann lauter vierzählige Quirle des ersten Jahres, im zweiten Jahre stehen sie gegenständig (decussiert) wie die Schuppenblätter.

Thujopsis dolabrata ist eine sehr auffällige, eigenartige, dekorative Solitärpflanze für Garten und Park.

Sie bildet aber oft grosse kugelige Büsche und ist als weissbunt (variegata) sehr verbreitet, sie kommt auch als kleine Kugel (nana) vor und mit überhängenden Trieben der aufstrebenden Pflanze (decumbens). Die Form nana hat vielfach Zweige mit Primärblättern und ist synonym Th. laetevirens Lindl.

Libocedrus.

Die Zäpfchen bestehen ausser der Mittelsäule aus zwei Schuppenquirlen, von welchen nur die zwei oberen je zwei Samen tragen.

Die Samen haben zwei ungleiche Flügel. Die Zweige sind flach mit zweizähligen Blattquirlen, abwechselnd zwei Flächenblättern und zwei Kantenblättern ohne weisse Spaltöffnungsflächen. Nur eine Art ist in Deutschland eingeführt.

Libocedrus decurrens Torr. (syn. Heyderia), californische Flussceder. Ein Waldbaum der Rocky Mountains, des Cascadengebirges, der Sierra Nevada und Coast Ranges, der über 50 m Höhe erreicht und im Felsengebirge bis 2700 m verbreitet ist. Er wächst schlank, pyramidenförmig mit fächerförmig ausgebreiteten Zweigen, die für ihn sehr charakteristisch sind. Die decussiert stehenden Blätter enden mit ihrer scharfen Spitze auf gleicher Höhe. Da sie als Flächen- und Kantenblätter entwickelt sind, sind die Zweige flach. Alle weisse Zeichnung fehlt den Blättern.

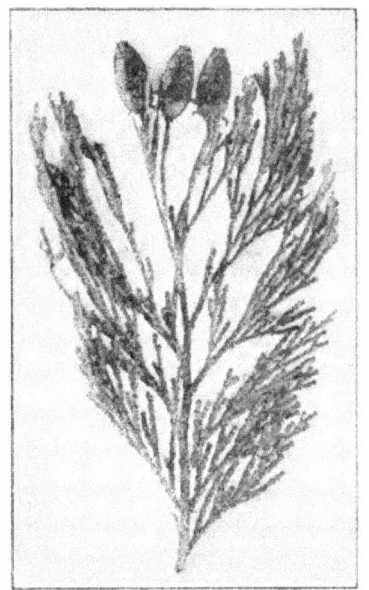

Fig. 68.
Libocedrus decurrens Torr.
Zweig mit noch geschlossenen Zapfen.

Die Zapfenform ist aus der Abbildung ersichtlich, beim Aufspringen biegen sich die zwei fruchtbaren (fertilen) Schuppen weit bogenförmig zurück.

Auf jeder Schuppe sitzen zwei Samen, deren grosse auf der Innenseite entwickelten Flügel sich völlig decken, während die kleinen schmalen äusseren Randflügel frei sind. Die Keimlinge tragen 2 Cotyledonen.

Die Borke ist eine tiefrissige Schuppenborke.
Das Holz hat wertvollen dunkeln Kern.

In Deutschland gedeiht er in milden Lagen sehr gut und ist ein hübscher Parkbaum. In rauheren Lagen frieren die Aeste zurück. Schöne Exemplare stehen in Wilhelmshöhe, in Bozen u. a. a. Orten. Zum forstlichen Anbau ist er nicht in Betracht

Fig. 69. Libocedrus decurrens Torr.
Ein zweiklappig geöffneter und ein noch geschlossener Zapfen, schwach vergrössert. 2 noch über einander liegende Samen links, wie sie auf der Schuppe waren und ein ungleich geflügelter Same rechts in natürl. Grösse. Dabei rechts ein Zweig, schwach vergrössert.

gekommen, da er südlicher wie die Lawsonscypresse in Westamerika verbreitet ist. Er wächst auch zusammen mit der Wellingtonie im Yosemitethal.

Er kommt auch in blaugrüner Färbung (glauca) und in Kugelform (compacta) im Handel vor.

L. Chilensis Endl. Ein Baum von den südlichen Anden in Chile.; **L. tetragona** Endl. Ein Waldbaum des nördlichen Chile; **L. Doniana** Endl. Ein Waldbaum der Gebirge des nordöstlichen Neu-Seelands; **L. papuana** F. v. Müll. in Neu-Guinea. Sie werden im Handel geführt, können aber bei uns meist nur als Kalthauspflanzen gehalten werden.

Thuja.

Zapfen aus 3—4 Paaren decussierter Schuppen. Die oberen und unteren Schuppen meist unfruchtbar (steril), die mittleren mit je zwei flachen, beidkantig zart geflügelten Samen. Blätter als Flächen- und Kantenblätter in zweizähligen Quirlen, oben dunkler grün wie unten, ohne rein weisse Spaltöffnungsflächen. Blätter mit Oeldrüsen. Waldbäume, drei amerikanische und eine japanische Art.

Thuja occidentalis L., abendländischer Lebensbaum. Ein auch in seiner ausgedehnten Heimat, einem grossen Teile des östlichen Nordamerika, von Canada bis herab nach Carolina, nur ungefähr 20 m hoher Baum, der besonders auf feuchten, sumpfigen und moorigen Orten in dichtem Wuchse vorkommt und in Deutschland seiner Unempfindlichkeit gegen Kälte und andere schädlichen Einflüsse wegen überall in Parkanlagen, Kirchhöfen und besonders auch in Form lebender Hecken gezogen wird. An Schönheit des Wuchses und Aufbaues steht er jedoch den Chamaecyparis-Arten sehr nach und wird jetzt vielfach durch die weit schönere, aber auch empfindlichere Lawsoncypresse verdrängt. Als Hecken- und Zaunpflanze, zu der er sich sehr gut eignet, wird er im Süden durch die schönere Biota allgemein ersetzt.

Zu forstlichen Versuchen ist er nicht angebaut.

Fig. 70. Thuja occidentalis L. Zweig mit zahlreichen unreifen Zäpfchen.

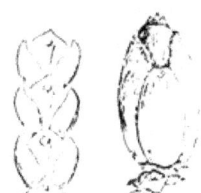

Fig. 71. Thuja occidentalis. Links Zweigteil, vergrössert. Die Flächenblätter mit erhabener kugeliger Oeldrüse. Rechts ein reifender, noch geschlossener Zapfen. Beides vergrössert.

Die Flächenblätter tragen oberseits eine kugelige erhabene Oeldrüse (Biota eine vertiefte Rinne); die Blätter sind oberseits dunkelgrün, unterseits hellgrün ohne weisse Zeichnung. Die beblätterten Zweige sind flach und stehen nach verschiedenen Richtungen ab (die Zweige von Biota stehen in vertikalen Flächen). Sie verfärben sich im Herbste schmutzig-grün.

Die zahlreich erscheinenden, dicht gedrängt sitzenden Zäpfchen sind weich und dünnschuppig, länglich eiförmig, aufrecht oder nickend, mit einem fertilen und zwei sterilen Schuppenpaaren.

Die Samen sind länglich oval, flach, mit zwei zarthäutigen, seitlichen, strohgelben, schmalen Flügeln versehen, die Keimlinge haben zwei c. 8 mm lange grüne Cotyledonen und einfache Primärblätter, von denen die ersten zu zweien, die folgenden zu vier im Quirle stehen.

Die Zweige werden als Grün zu Kränzen, Guirlanden etc. verwendet und sind wegen des balsamisch riechenden Oeles in Amerika officinell. Das Holz ist zwar leicht, aber dauerhaft und wird als Bauholz, besonders auch zu Erdbau und im Wasser verwendet.

Die Thuja occidentalis wird in zahlreichen gärtnerischen Formen kultiviert.

1. Blattformen: in der fixierten Jugendform mit einfachen, nicht schuppenförmigen Blättern ericoides, oder in einer Form, bei der nur ein Teil der Aeste die Jugendform zeigt, Ellwangeriana, die auch schön goldgelb (aurea) vorkommt. Pflanzen mit zum Teil strickförmigen Zweigen und zum Teil mit Blättern der Jugendform: Späthii.

2. Farbenformen: viridis, glänzend dunkelgrün; tatarica und Riversii, gelbgrün; Vervaeneana, goldbronzefarbig; lutea, grüngelb; lutea nana, gelber Zwerg; aurea und aurescens, dunkelgelb; albo-spica mit weissspitzigen Zweigen; aureo-spica mit gelbspitzigen Zweigen; aureo-variegata, goldbunt; Silver Queen, weissbunt; albo- und argenteo-variegata, weissbunt.

3. Wuchsformen: f. Warreana, eine dichte Pyramide, die auch gelb (lutescens), gelbbunt (aureo-variegata) und ganz als Kugel (globosa) vorkommt; fastigiata, l'Haveana und Rosenthalii sind Säulenformen, ebenso tatarica, Riversii, Wiegneriana mit gelblichem Schein, Wagneriana, Vervaeneana, die zugleich goldbronzefarbig ist; filicoides mit strickförmigen Zweigen; asplenifolia, steif pyramidenförmig mit farnwedelähnlichen Zweigen; cristata mit hahnenkammartig verbreiterten Zweigen; recurvata, Pyramide mit überhängenden Zweigen.

Hängeformen: pendula, die auch graugrün (glauca) vorkommt; reflexa mit überhängenden Zweigen; thujopsoides mit dickgliederigen, bogig überhängenden Zweigen; ähnlich ist denudata.

Zwergformen: Kugelig: pumila, Little Gem, Warreana globosa, nana, die auch gelb (lutea) vorkommt; Froebelii, Spihlmannii, Hoveyi, globularis, globosa, Boothii; Zwergpyramide mit Fasciationen der Zweige cristata; recurva nana, kleine feste Kugelform mit übergebogenen, gedrehten Zweigen.

Thuja plicata Don., Gefalteter Lebensbaum. Diese Holzart ist ein kleiner, nur 15—20 m hoher Waldbaum Nordamerikas, welcher der Th. occidentalis sehr ähnlich ist und auch als Varietät derselben betrachtet wird. Sie unterscheidet sich von derselben aber durch viel breitere Zweige und Blätter, die unterseits vertieft sind und im Winter grün bleiben. Die Oeldrüse auf der Oberseite der Flächenblätter tritt hoch hervor. Die Blatt-Unterseite ist hellgrün, ohne weissliche Flecken. Sie ist durch die üppigere Zweigbildung schöner wie occidentalis und wie diese überall verbreitet.

Sie ist auch in Zwergformen (compacta, dumosa, pygmaea) sowie gelbbunt (aureo-variegata) und weissbunt (argenteo-variegata) kultiviert. Sie ist der breitblätterigen Form Warreana der Thuja occid. sehr ähnlich.

Thuja gigantea Nutt., Riesen-Lebensbaum, syn. Th. Lobbii und Menziesii Dougl. Dieser westamerikanische Waldbaum, der bis 50 m und darüber hoch werden kann und von der Küste bis in

Fig. 72. Thuja gigantea Nutt.
Von der Unterseite. Die Blätter haben hellgraue, fast weisse Flecken.

die Berge an feuchten Orten und im Gebirge oberhalb der Lawsonscypresse vorkommt und schattenertragend ist, im freien Stande schnell wächst und sich schlank, kegelförmig und stark abholzig aufbaut, bildet seine bogigen Seitenäste, von denen die Aeste zweiter Ordnung herabhängen, ähnlich wie die Fichte. Sein Holz, welches sehr starke Dimensionen erreicht, ist zwar nicht schwer, aber besonders bei Erd- und Wasserbau dauerhaft. Es ist daher diese Holzart versuchsweise zum forstlichen Anbau in Deutschland gekommen und hat bis jetzt auf Orten mit frischen, tiefgründigen, humosen

Fig. 73. Thuja gigantea Nutt.
Zweig mit Seitenzweigen, von unten, vergrössert. Die Flecke sind in Natur nur hellgrau, nicht weiss.

Lehmböden entsprochen. In der Jugend langsamwüchsig, bildet sie vom dritten Jahre an einen energischen Höhentrieb und etwa vom siebenten Jahre an ist sie schnellwüchsig. In der Jugend verlangt sie Seitenschutz, da sie noch gegen Frost und Dürre empfindlich ist.

Später muss sie in dichten Schluss kommen, um astreine Stämme zu geben und gegen trocknende Winde geschützt zu sein.

Sie ist besonders dadurch charakterisiert, dass die Seitenzweiglein sehr langgestreckt sind, ohne weitere Verzweigung und dass die oberseits dunkelgrünen Blätter unterseits grosse hellgraue Flächen, die an den Rändern dunkelgrün begrenzt sind, haben. Diese Flecke sind nie weiss, wie bei den Chamaecyparis-Arten und treten in Wasser oder Formol viel deutlicher hervor. Die Blattform ist die der Thujopsis-Arten. Die Flächenblätter zeigen oberseits eine längliche Oeldrüse.

Fig. 74.
Thuja gigantea Nutt.
Reifender, noch geschlossener Zapfen (vergrössert). Rechts davon 1 geflügelter Same mit Harzdrüsen in natürl. Grösse und darunter vergrössert.

Die Zapfen haben 4—5 Schuppenpaare. Davon sind 2—3 Paar samentragend. Die Samen sind flach und beidkantig zarthäutig geflügelt, ca. 5 mm lang. Der Same trägt längliche Harzbeulen.

Die Keimlinge haben zwei ca. 6 mm lange Cotyledonen. Die nadelförmigen Primärblätter erscheinen erst als ein Paar, dann in vierzähligen Quirlen.

Als Lobbii wird meist eine dichtere und gelblichere Form bezeichnet, als Menziesii die dunklere, regelmässigere, mit hängenden Seitenästen. Man kultiviert noch als atrovirens eine dunkelgrüne, als aurea eine goldgelbe, als aureo-variegata eine goldbunte Form und als Wuchsform eine feinbezweigte, zierliche „gracilis"; ferner incurva mit einwärts gekrümmten Zweigen, fastigiata, eine schmale Pyramide.

Thuja Standishii Carr. (syn. japonica), japanischer Lebensbaum. Während die drei vorgenannten Arten nordamerikanische Waldbäume waren, ist diese Art in den Gebirgen Japans zu Hause und bildet einen hohen gut geformten Stamm mit wertvollem Holze. Ihre Blätter sind viel dicker wie bei den anderen Arten, oben gelbgrün und unterseits mit hellen Flecken wie bei der gigantea. Ihre Blätter sind aber breiter wie bei dieser und die Drüsenrinne oberseits ist kaum sichtbar. Die Zweige sind mehr verästelt und daher die einzelnen Glieder kurz.

Die Zapfen ähneln denen von Th. gigantea sehr, ebenso die Samen.

Der Keimling hat zwei ca. 5—6 mm lange Cotyledonen und dann lauter zweizählige Quirle der nadelförmigen Primärblätter.

Diese Holzart ist versuchsweise im deutschen Walde angebaut.

Biota.

Fruchtblätter sechs, die zwei obersten steril, die zwei untersten zweisamig, die mittleren einsamig.

Mit der einzigen Species:

Biota orientalis Endl., morgenländischer Lebensbaum. Ein Waldbaum aus China und Japan, der in Asien und Europa vielfach kultiviert ist, nur 6—10 m hoch wird und schlanken, säulenförmigen Wuchs hat. Er ist frostempfindlich und gedeiht ungeschützt nur in den milderen Lagen Deutschlands. Im Süden, z. B. schon in Bozen, ersetzt er die bei uns mehr verwendete Thuja sowohl als Heckenpflanze wie als Zierbaum der Friedhöfe. Seine Zweige stehen in vertikalen steifen Flächen und lassen hiedurch diese Holzart schon dem Habitus nach erkennen.

Die Blätter sind beiderseits grün ohne weisse Spaltöffnungsflächen. Die Flächenblätter tragen oberseits eine vertiefte rinnenförmige Oeldrüse an Stelle der kugelförmigen Drüse von Thuja occid.

Fig. 75.
Biota orientalis Endl.
Die zahlreichen, noch geschlossenen Zäpfchen sind mit hellblauem Wachsüberzuge bedeckt und erscheinen daher weiss auf den grünen Zweigen. Wirkliche Länge des Zweiges 11½ cm.

Die Zapfen sind dickfleischig, im grünen Zustande blau bereift. Auch auf den braunen Zapfen ist noch blauer Reif sichtbar. Die Zapfen bestehen aus sechs Fruchtblättern, von denen die obersten steril bleiben. Die Schuppen tragen aussen rückwärts gekrümmte spornartige Auswüchse.

Die Samen sind dickschalige Nüsschen ohne Flügel, sie sitzen mit breiter Basis zu zweien oder einzeln auf den Fruchtblättern. Sie sind 5—6 mm lang, oben zugespitzt.

Die Keimlinge haben zwei sehr lange (22—25 cm lange) Cotyledonen, die oben matt blaugrün, unten glänzend grasgrün sind. Die Primärblättchen stehen in einem zweizähligen und dann lauter vierzähligen Quirlen.

Biota kommt als aufstrebende Pyramidenform (pyramidalis) und als dichterer Busch (compacta) mit zahlreichen Farbentormen vor. Als dichter Busch aber mit feinen Zweigen, wird sie articulata genannt. Von Wuchsformen sind besonders die grossen Kugelbüsche zu erwähnen, so z. B. die goldgelben (aurea, Weimeri, semper aurescens), eine Pyramidenform mit gelbem Glanz (elegantissima), eine Pyramide mit gelbgrünem Laub (Laxenburgensis); ferner eine goldbunte Form (aureo-variegata), eine weissbunte (argenteo-variegata), eine goldspitzige (Verschaffelti), eine blaugrüne (glauca), die auch als Zwerg (minima glauca) und als dichter Busch (densa glauca) vorkommt; eine gedrungene Pyramide (dumosa), eine mit verbreiterten Trieben (cristata) und endlich eine häufige Form mit hängenden strickförmigen Zweigen (filiformis) oder mit ebensolchen aufrecht strebenden Zweigen (filiformis stricta), oder Uebergangsformen zur normalen (z. B. funiculata); eine blaugrüne Jugendform (decussata), eine schwarzgrüne Kugelform mit unregelmässiger, dichter Beastung (athrotaxoides).

Herr Hofgärtner Eberling hat auf der Mainau einen grossen blaugrünen Kugelbusch von einer aurea-Form aus Samen gezogen.

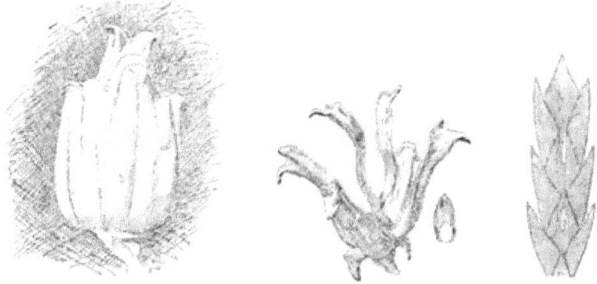

Fig. 76. Biota orientalis Endl.
Links geschlossener, mit Wachs bereifter Zapfen. Rechts geöffneter Zapfen. Beide vergrössert. Ein Same mit hellem Basalfleck in natürl. Grosse. Zweig oberseits mit vertiefter Längsrinne auf dem Flachenblatt, etwas vergrössert.

Cupressus.

Alle Blätter gleichgestaltet, gegenständig gleichfarbig und ohne weisse Spaltöffnungsflächen, vierkantige Zweige bildend. Zapfen mit centralgestielten, schildförmigen Schuppen. Fruchtblätter mehrsamig. Samenreife zweijährig. Cotyledonen zwei. Zwölf Arten im mediterranen Gebiete, westl. Nordamerika, Mexiko, gemässigten Asien, die alle im kälteren Deutschland nicht aushalten, zum Teil aber am Bodensee, in Südtirol und anderen Orten ähnlich milden Klimas hohe Bäume geben.

Cupressus sempervirens L. Dieser, von Bozen abwärts im ganzen Mittelmeergebiet überall kultivierte, über 20 m (im Orient über 50 m) Höhe und über 2000 Jahre Alter erreichende Baum stammt aus Persien, Kleinasien, Griechenland und kommt in zwei verschiedenen Wuchsformen vor, die früher als zwei Species unterschieden wurden. C. fastigiata erscheint als schlanke dunkle Säule und vertritt an Strassen und hervortretenden Punkten der Landschaft im Süden die bei uns häufig kultivierte Pyramidenpappel. Besonders ist sie auch in allen südlichen Gärten und Friedhöfen zu finden. C. horizontalis unterscheidet sich von derselben durch abstehende Beastung und breit pyramidenförmigen Wuchs. Sie

Fig. 77. Cupressus sempervirens L.
Allee alter Cypressen mit aufstrebenden Aesten.

wird mit der vorigen an gleichen Orten, aber nicht so häufig kultiviert.

Man findet die Cypresse schon bei Atzwang nördlich von Bozen, auf der Insel Mainau und an den oberitalienischen Seen in schönen Exemplaren.

Die Zapfen sind eiförmig bis kugelig, 20—30 mm lang und bestehen aus 8—10 gebuckelten, schildförmigen, central gestielten Schuppen, welche je viele Samen tragen.

Fig. 78. Cupressus sempervirens L.
Cypressen mit schlankem Stamme.

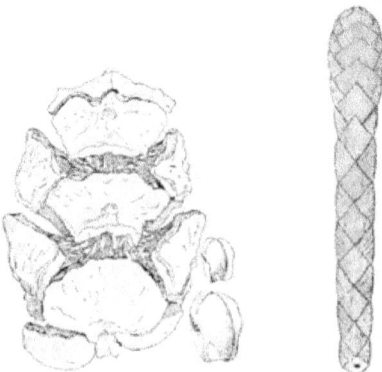

Fig. 79. Cupressus sempervirens L.
Reifer geöffneter Zapfen in natürl. Grösse, die hellen Trennungsnarben der zahlreichen abgefallenen Samen zeigend. Rechts davon ein Same in natürl. Grösse und darunter vergrössert. Ferner ein Zweig, vergrössert.

Die nicht ganz flachen Samen sind unregelmässig, mit derben Flügeln versehen, ca. 6 mm lang und 3—4 mm breit.

Die Keimlinge haben zwei 15—16 mm lange, oben blaugrüne, unten hellgrüne Cotyledonen.

Die Blätter sind dunkelgrün, gleichgestaltet, an jüngeren Zweigen schuppenförmig. Die Zweige sind vierkantig. Der Stamm ist schlank, abfällig gebaut, mit längsrissiger Faserborke bedeckt. Das rötliche Kernholz ist sehr hochwertig, zu Schreinerholz, Bauholz, Schiffbauholz etc. geschätzt.

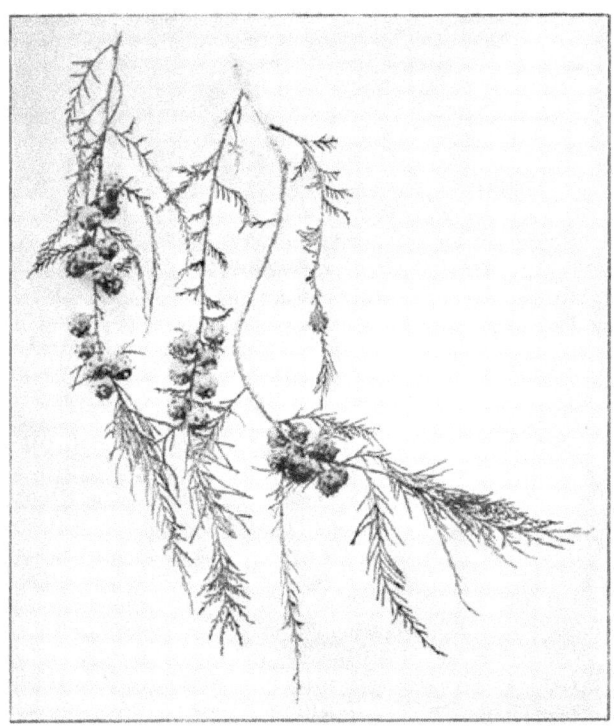

Fig. 80. Cupressus funebris Endl.
Hängende Zweige mit 14 mm dicken Zäpfchen, aus Bozen, anfang August.

Cupressus funebris Endl. (syn. C. pendula St.), Trauercypresse. Diese überaus zierliche Cypresse, deren Aeste lang herabhängen wie bei einer Trauerweide, ist der typische Trauerbaum auf den Friedhöfen im nördlichen China. Sie gedeiht in Südtirol gut und ist in Bozen schon in schönen Exemplaren vertreten. Ihre kugeligen Zapfen mit 6—8 Schuppen haben nur ca. 14 mm Durchmesser, sie sitzen einzeln an kurzen Stielen.

Cupressus torulosa Don., Nepalcypresse. Diese Cypresse, von pyramidenförmigem Wuchse, ist im Himalaya heimisch und erreicht 50 m Höhe. Die Aeste breiten sich aufsteigend horizontal aus. Die Zapfen sind fast kugelig, grösser wie die von C. funebris und tragen meist 10 Schuppen. Das hochwertige Holz wird hauptsächlich zu Möbeln geschätzt.

C. glauca Lam. (syn. C. lusitanica Mill.). Ist in Spanien, Portugal, Brasilien kultiviert und stammt aus Vorder-Indien. Ihre Zapfen tragen nur 6—8, in der Mitte hakig genabelte Schuppen.

C. Macnabiana Murr. Ein Strauch bis kleiner Baum in den Bergen des südlichen Californien.

C. macrocarpa Hartw., grossfrüchtige Cypresse. Ein südlich von San Francisco vorkommender, schnellwüchsiger, an der Küste wachsender und an der pacifischen Küste allenthalben kultivierter Baum, der im Alter eine schirmförmig abgewölbte Krone bildet und bis Oregon sowie in England bis Schottland und speziell in Dropmore winterhart ist.

C. Goveniana Gord. bleibt strauchig. Sie ist im südlichen Californien heimisch und hält noch in England aus.

C. Benthamii Endl., **C. Lindleyi** Klotsch und **C. Uhdeana** Gord. sind in Mexiko heimisch, **C. Guadalupensis** Wats. in Mexiko und Californien. Diese und andere Arten sind auch alle für den Anbau in Deutschland zu empfindlich.

Chamaecyparis.

Diese Gattung unterscheidet sich von Cupressus durch die flachen Zweige, welche dorsiventral sind, d. h. eine deutliche Ober- und Unterseite unterscheiden lassen. Sie bestehen aus Flächen- und Kantenblättern. Alle (Cham. Lawsoniana, obtusa, pisifera, sphaeroidea) mit Ausnahme von Cham. nutkaensis tragen auf den Zweigunterseiten charakteristische, milchweisse Zeichnungen an den Spaltöffnungen tragenden Blatteilen. Sie unterscheiden sich dadurch von allen Thuja- und Biota-Arten, die rein grün sind. Nur Thuja gigantea hat hellgraue Flächen unterseits. Libocedrus ist rein grün, Thujopsis hat wieder weisse Flächen. Die Zapfen sind wie die von Cupressus gebildet. Die Fruchtblätter tragen bei allen Arten mit Ausnahme der mehrsamigen Ch. Lawsoniana je nur zwei geflügelte Samen. Die Samenreife ist stets einjährig. Die Keimlinge tragen zwei Cotyledonen.

Drei Arten in Amerika, zwei Arten in Japan, die alle in deutschen Gärten und Parkanlagen kultiviert werden und als wichtige Waldbäume zum Teil in deutschen Waldungen versuchsweise angebaut sind. Am meisten Erfolg hatte bis jetzt der forstliche Anbau von Ch. Lawsoniana. Man erzieht die jungen Pflanzen am besten durch Samen, der ja schon von jungen Pflanzen in reichlicher Menge produziert wird. Die besonderen Formen aber werden durch Stecklinge vermehrt oder auf Ch. Lawsoniana veredelt.

Fig. 81. Chamaecyparis Lawsoniana Parl.
Geschlossener Horst im k. bayer. Forstamte Freising. Die Cypressen zeigen deutlich die charakteristisch überhängenden Wipfel.

Chamaecyparis Lawsoniana Parl., Lawsonscypresse. Dieser in seiner Heimat hochgeschätzte, an der Westküste Californiens und des südlichen Oregons, in den Thälern des Küstengebirges etwa 500 m emporsteigende Waldbaum erreicht Höhen bis 50 m. Er hat einen schlanken Schaft und hochwertiges, dauerhaftes, rötliches Holz von stark süsslichem, bleibendem Geruch, der es auch gegen Insektenfrass schützt. Die Lawsonscypresse ist in Deutschland im grossen angebaut und zeigt an Orten, wo Luft und Boden nicht zu trocken sind, ein recht freudiges Wachstum. In den ersten Jahren empfindlich gegen Frost wie Trocknis und noch langsamwüchsig, verlangt sie genügenden Schutz. Später ist sie frosthart und schnellwüchsig, verträgt ziemlich viel Schatten und liebt Seitenschutz und den Stand im Walde. Sie gedeiht aber auch auf freier Fläche noch am Tegernsee tadellos und hat die Winter der letzten 15 Jahre gut durchgemacht, doch ist ihr Seitenschutz stets vorteilhaft. Auf besseren Böden zeigt sie entsprechend besseres Gedeihen. Man bringt die zweijährig verschulten Pflanzen vier- bis fünfjährig in den Wald. Vom fünften Jahre an haben die Pflanzen nicht mehr den dichtbuschigen Wuchs, sondern zeigen einheitlichen Stamm und lockere untere Beastung.

Im Freistand bleibt sie aber pyramidenförmig und bis zum Boden beastet und ist einer der dekorativsten Parkbäume, der auch in zahllosen Formen gezogen wird. Der zierliche Habitus wird noch durch den überhängenden Gipfel erhöht. Sie kann daher sehr gut in Parks und Gärten als Solitärbaum auf Rasenflächen gezogen werden. Sie wird auch vielfach zu Einfassungen, zu lebenden Hecken, als Pyramide und sehr oft in Städten als Topfpflanze kultiviert. Sie verträgt den Schnitt gut und giebt den ganzen Winter durch ein schönes Schnittgrün zu Kränzen, Guirlanden etc. Sie wird in der Regel durch Samen gezogen, den schon zwölfjährige Cypressen in reichlicher Menge produzieren. Da der Same auch schon genügende Keimfähigkeit zeigt, so wird derselbe gesammelt und keimt im Walde auch von selbst.

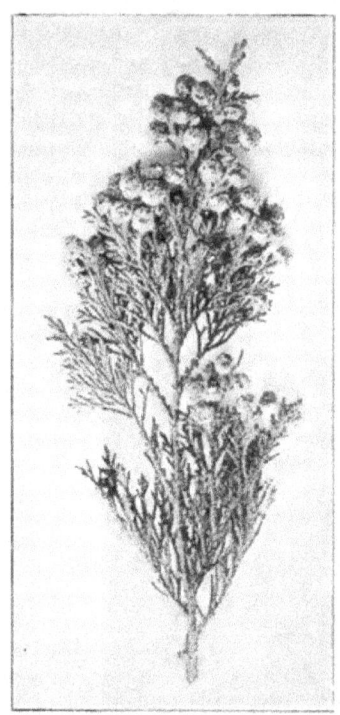

Fig. 82.
Chamaecyparis Lawsoniana Parl.
Zapfentragender Zweig mit reifen, noch nicht geöffneten 8 mm dicken Zapfchen.

Die Kulturformen werden dagegen durch Stecklinge gezogen, die schneller grössere Pflanzen geben. Dieselben werden aber schliesslich nicht so gross und so alt wie Samenpflanzen.

Der Anbau der Lawsoncypresse wird im Walde fortgesetzt. In den Gärten hat sie sich überall eingebürgert und vielfach die steiferen und langsamer wachsenden Thujen verdrängt.

Die endständigen, walzenförmigen männlichen Blüten sind rotbraun, die weiblichen Blüten blaugrün, aufrecht. Die Samenschuppen tragen 2—5 Ovula. Sie bilden in vier decussiert stehenden Paaren den Zapfen, welcher die Form eines ächten Cypressenzapfens hat. Die Schuppen sind also schildförmig, genabelt und innen central gestielt. Der reife, erbsengrosse Zapfen ist kugelig, braun, und blau bereift.

Die Samen erinnern an Schwarzerlen-Samen. Sie sind flach, beidkantig schmal, aber derb geflügelt, 3—4 mm lang, glänzend und tragen beiderseits längliche, erhabene Harzbeulen. Sie reifen im ersten Sommer und fallen im Herbste aus, während die ent-

Fig. 83.
Chamaecyparis Lawsoniana Parl.
Sehr stark vergrösserter reifer, geöffneter Zapfen. Links Same in natürlicher Grösse, rechts vergr., mit Harzbeulen. Daneben Zweig mit weissen Linien längs der Blatträuder von unten, vergrössert.

leerten Zäpfchen noch bis zum nächsten Frühling hängen bleiben. Der Same keimt 3—4 Wochen nach der Frühjahrssaat mit zwei Cotyledonen, die 5—9 mm lang sind, unten glänzend grasgrün, oben matt blaugrün. Von den Primärblättchen stehen die zwei ersten sich gegenüber, die folgenden bilden vierzählige Quirle und stehen horizontal ab.

Die späteren Nadeln sind an Haupt- und Seitentrieben verschieden. Am Haupttrieb decussiert, lang decurrent, die Flächenblätter mit lang ovaler Drüse in einer vertieften Längsrinne. Die Seitenzweige sind flach und zeigen besonders im ersten Jahre bei üppigem Wachstum deutliche weisse Linien auf der Unterseite an den Grenzen der Kanten- und Flächenblätter.

Die Kantenblätter haben gerade nach vorne gerichtete Spitzen.

Die Rinde ist lange Zeit sehr glatt, im Alter bildet der Stamm eine tief längsrissige Borke.

Das Holz hat schmalen gelben Splint und etwas dunkleren Kern und behält infolge seines Oelgehaltes einen dauernden süsslichen Geruch. Es ist sehr zähe und widerstandsfähig und wird zu Brettern, Hoch- und Erdbau verwendet.

Die zahlreichen Wuchsformen werden auch in verschiedenen Farbenformen kultiviert. So hat man von der Pyramidenform (pyramidalis) eine weissspitzige (alba), eine goldgelbe (lutea), von der schlank aufrechten (erecta) eine blaugrüne (glauca), eine silberige (alba); die monumentalis nova als hellblaue und glauca als dunkelblaue Säulenform. Säulen sind noch Rosenthalii, Worlei und Fraseri robusta, die auch als goldig (aurea), blaugrün (glauca) und graublau (argentea) vorkommt; tortuosa dichtzweigige Pyramide; grössere Kugeln (Shawi); dichte, breite, niedere Büsche (Krameri); dichte Kegel mit hahnenkammartigen gehäuften Zweigen conica fragrans und compacta nova; Kriecher: prostrata glauca; niedere Schirmform (Weisseana). Mit verschiedener Bezweigung sind: gracilis mit sehr zierlichen Aesten, die auch als Zwerg (nana) und auch goldgelb (aurea) vorkommt; sparrige Form (laxa); mit gekräuselten Zweigspitzen (crispa); ein Zwerg mit monstriös gedrehten Zweigen (lycopodioides). Hängeformen sind pendula und pendula nova und solche mit weissen Spitzen (alba). Mit strickartigen Zweigen (filiformis), die auch als Zwerg (compacta) vorkommt. Zwergformen: nana, kugelig, auch weissbunt (albo-variegata), weissspitzig (albo-spicata) und weissbunt (albo-variegata), silberig (argentea), blaugrün (glauca); ganz kleine Kugel (minima glauca), die zugleich bläulich ist und die kleinste Kugel pygmaea argentea; igelartige Zwergform (torstekiensis). Als Farbenformen gehen noch Alumi, stahlblaue Säule; atrovirens, dunkelgrün; glauca, stahlblau; Beissneriana, stahlblau und aufrecht; argentea, silbergrau; nivea, weissschimmernd; Silver Queen, silberig; lutea, dunkelgelb; lutescens, goldgelb; aurea, reingelb; Westermanni, goldgelbschimmernd; versicolor in gold- und silberfarbigen Schattierungen schimmernd; argenteo-variegata, silberbunt; aureo-variegata, goldbunt; aureospica, gelbspitzig; albo-spica, weissspitzig; Overeynderi, weissbunt; magnifica aurea, blaugrün und goldspitzig.

Chamaecyparis obtusa Sieb. et Zucc., stumpfblätterige Sonnencypresse, Hinoki. Einer der wertvollsten Nadelbäume des japanischen Waldes, zwischen 30. und 38.° (bes. 34.—38.°) n. Br., der daselbst in ausgedehnten dichten Waldungen im Kahlschlagbetriebe bewirtschaftet wird. Der Stamm ist schlank 40 (selbst 48) m hoch und hoch hinauf astrein. Das Holz hat einen rötlichen Kern und lichtgelben Splint und besitzt einen angenehmen Geruch, ähnlich dem der Cham. nutkaensis. Es ist astrein und leicht spaltbar. Es wird auch zu Erdbauten, Schwellen, Schiffsbau, Hochbau, Brettern und besonders zu Lackwaren verwendet. Die Hinoki-Cypresse kommt in den Gebirgen Japans von 300 m bis über 1000 m Höhe vor und gedeiht am besten in einem Klima, dessen Wärme unserem wärmeren Eichenklima entspricht. Sie beansprucht grössere Luftfeuchtigkeit, besonders in der Jugend Schutz gegen trocknende und kalte Winde. So dankbar sie für Seitenschutz ist, verträgt sie doch keine direkte Ueberschirmung. Sie verlangt zum Gedeihen bessere, frischere Böden und bevorzugt in Japan die Nordhänge und Granitböden. Sie ist meist bei den Shintotempeln gepflanzt und diese sind aus ihr gefertigt. Für Parkanlagen ist sie einzelständig eine sehr schöne dekorative Cypresse.

Ihre Blüten stimmen mit denen der Lawsonscypresse überein, ebenso die Zapfen und die Samen, welche aber schmäler geflügelt sind. Dieselben vertragen, wie alle leichten Samen, nur sehr leichte Bodendecke.

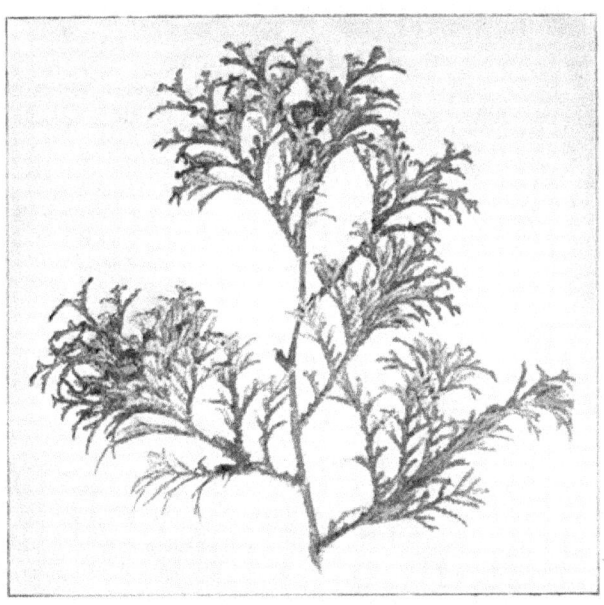

Fig. 84. Chamaecyparis obtusa Sieb. et Zucc.
Von der Unterseite. Die Spitzen der Seitenblätter sind abgerundet. Die Blattgrenzen zeigen weisse Streifen. Wirkliche Zweiglänge 18 cm.

Sehr charakteristisch ist die Belaubung. Die Zweige sind dicker und steifer wie jene der Lawsonscypresse, die Kantenblätter haben abgerundete und nach der Zweigachse gewendete Spitzen. Unterseits sind die Kanten- und Flächenblätter an ihren Berührungslinien mit einem weissen Streifen versehen.

Die Keimlinge laufen nach 3—4 Wochen auf mit zwei 6—10 mm langen Cotyledonen. Die Primärblättchen stehen erst zu zwei, dann zu vier im Quirl. Die Keimpflanzen müssen vor direkter Besonnung geschützt werden und erhalten Winterdeckung. Vom zweiten Jahre an bilden sich flache Zweige mit Flächen- und Kantenblättern. Vier- bis fünfjährige Pflanzen können in den Wald gepflanzt werden. Die Formen werden durch Stecklinge vermehrt. Im forstlichen Betriebe wird sie nur durch Saat vermehrt, und zwar entweder durch Vollsaat im Saatbeet mit ganz leichter Deckung und Schutz der jungen Pflanzen oder im Walde durch Selbstbesamung. Man bringt im ersteren Falle die dreijährig verschulten Pflanzen mit vier bis fünf Jahren (15—20 cm hoch) hinaus in andere Verjüngungen oder auf Plätze mit Seitenschutz. Sargent empfiehlt sie zur Kultur an den Berghängen der südlichen Alleghanies.

Fig. 85. Chamaecyparis obtusa Sieb. et Zucc. Zweig mit einwärts gebogenen, abgerundeten Kantenblättern u. weissen Spaltöffnungsblattgrenzen auf der Unterseite, vergr.

An Wuchsformen werden gezogen: erecta, aufstrebend; magnifica, breitbuschig, welche auch gelb (aurea) vorkommt; gracilis mit überhängenden Zweigen (auch gelb, aurea); compacta, dichtbuschig; lycopodioides mit dicht bärlappartigen Zweigen; filicoides mit dünnen, farnförmigen Zweigen; eine hängende Trauerform (pendula).

Zwerge sind: tetragona mit vierkantigen, dicken Trieben; nana, ganz nieder (beide auch goldig, aurea); zierlich, gracilis, auch silberbunt (albo-variegata); pygmaea, noch niedriger und auch goldbunt (aureo-variegata).

Farbenformen sind von der normalen Form: aurea, goldgelb; albo-variegata, weissbunt.

Chamaecyparis pisifera Sieb. et Zucc., Sawaracypresse. Dieser gleich der Ch. obtusa in Japan sehr verbreitete Waldbaum von ähnlichen Dimensionen wie jener hat ein viel weniger wertvolles, grobfaseriges, jedoch auch gleichmässig gewachsenes und leicht bearbeitbares Holz, welches besonders zu Schäfflerwaren verwendet wird. Es ist rötlich-gelb im Kern, rötlicher wie das von obtusa, hellgelb im Splint und von angenehmem Geruch.

Die Ansprüche an warme Lagen sind grösser wie jene der Ch. obtusa, doch erwies er sich in Deutschland hart gegen Winterkälte, ist aber sehr empfindlich gegen Luft- und Bodentrockenheit. Dagegen ist er schnellwüchsiger wie die obtusa. Er wird gesäet wie die obtusa, die Formen werden durch Stecklinge vermehrt.

Die männlichen Blüten überwintern und sind endständig, die gleichfalls endständigen weiblichen Blütenzäpfchen bestehen aus 10—12 decussiert stehenden Schuppen und reifen im ersten Herbste zu erbsengrossen braunen Zäpfchen. Jede Schuppe trägt

zwei Samen. Diese sind ca. 2 mm lang, dünn und zart mit zwei
helleren, je 1½ mm breiten dünnhäutigen Flügeln. Durch die
Harzbeulen erscheinen die Samen etwas warzig. Die Samen erinnern
mehr an Birkensamen (jene der Ch. Lawsoniana mehr an Erlen-
samen). Sie keimen in drei bis vier Wochen mit zwei Cotyledonen

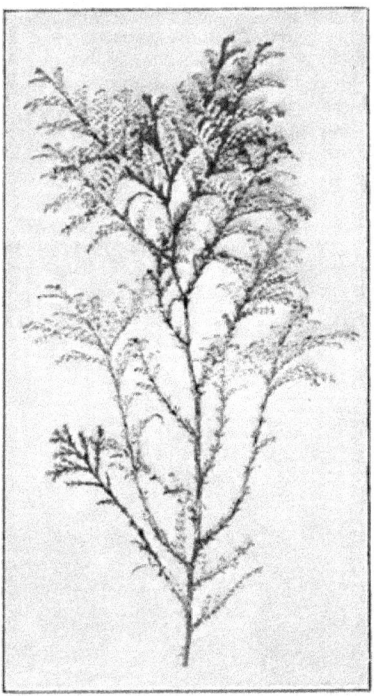

Fig. 86. Chamaecyparis pisifera Sieb. et Zucc.
Von der dem Lichte abgewendeten Seite. Die Blätter haben weisse Spaltöffnungsflecke.
Wirkliche Länge des Zweiges 29.5 cm.

von 5—6 mm Länge. Die feinzugespitzten Primärblätter stehen
zu zwei im ersten, zu vier in den folgenden Quirlen. Später werden
flache Zweige gebildet, deren Kantenblätter nach auswärts gebogene
lange Spitzen tragen. Auf der Zweigunterseite trägt das Flächen-
blatt zwei und jedes Kantenblatt einen weissen Basalfleck.

Von dieser Holzart, die überall eine beliebte Park- und Gartenpflanze bildet und auch versuchsweise ebenso wie obtusa forstlich angebaut ist, werden zahlreiche Formen kultiviert.

Fig. 87.
Chamaecyparis pisifera
Sieb. et Zucc.
Zweig von der Unterseite mit weissen Spaltöffnungsflecken an den Blattbasen. Die Kantenblätter sind zugespitzt und auswärts gebogen. Vergrössert.

So die Jugendform squarrosa, eine kleinere, buschige pyramidenförmige Pflanze mit den einfachen Primärblättern der Keimlinge. Später treten vielfach normale Zweige an ihr auf.

Sie wird auch als aurea, die im Sommer gelblich ist, gezogen und als dumosa, die nur buschförmig bleibt.

Eine andere Form ist plumosa, welche teils Primärblätter wie die vorige trägt, teils Uebergangsformen zu den Schuppenblättern und zuweilen auch solche der normalen Form. Diese wird auch als weissliche Form (alba), ferner silberbunt (argentea), als goldgelbe (aurea) und diese wieder als Kugel (nana) gezogen; sie kommt ferner als Kegel mit gelbweissen Spitzen (flavescens) vor. Häufig sind auch die hängenden Formen mit langen strickförmigen Zweigen (filifera), die wieder goldgelb (aurea) und zwergig (gracilis) vorkommen. Als Zwergformen sind noch nana und nana aurea (goldgelb), nana aureo-variegata (goldbunt) bekannt. Als aufstrebende Pyramide wird stricta gezogen, die auch gelb (lutescens) vorkommt, als Farbenformen der Normalform die goldgelbe aurea und die goldbunte aureo-variegata.

Fig. 88. Chamaecyparis pisifera Sieb. et Zucc. f. plumosa.
Wirkliche Länge des ganzen Zweiges 14½ cm.

Chamaecyparis nutkaënsis Spach. (syn. Thujopsis borealis Hort.), Nutkacypresse, Sitkacypresse. Benannt nach seinem Vorkommen auf der Insel Sitka, ist dieser wertvolle, 30—40 m hohe westamerikanische Waldbaum besonders im südlichen Alaska und Britisch-Columbien, weniger in Washington und Oregon an feuchten Küsten und in Thälern verbreitet. Sein Holz wird hochgeschätzt. In der Jugend von pyramidenförmigem Wuchse mit gerade aufrecht strebendem Gipfeltrieb, fällt diese Cypresse durch die düstere dunkelgrüne Belaubung auf. Die flachen Zweige haben unterseits keine weissen Streifen oder Flecke, sondern nur etwas helleres Grün. Die Flächenblätter tragen oben eine rinnenförmige Drüse. Die Kantenblätter haben starr abstehende Spitzen, so dass sich die Zweige in der Hand scharf sägezähnig anfühlen lassen. Man findet sie oftmals angebaut und auch auf unseren Friedhöfen sehr widerstandsfähig gegen Winterkälte und Steinkohlenrauch. Besseres Gedeihen mag sie im geschlossenen feuchten Walde finden. Sie wird aber bis jetzt nicht forstlich kultiviert. Als Einzelbaum stellt sie eine dichtbezweigte, dunkelgrüne, dekorative Pyramide dar. Ihre Zapfen sind ziemlich gross (ca. 1 cm) und tragen auf den Schuppenschildern einen Dorn. Sie reifen im ersten Jahre. Sie sind braun, blau bereift und bestehen

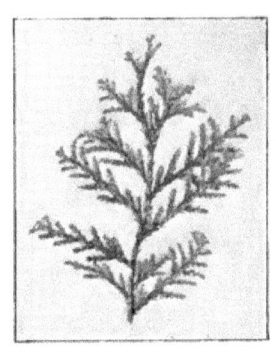

Fig. 89.
Chamaecyparis nutkaënsis Spach.
Mit starrer Blattspitze. Zweige beiderseits grün. Wirkliche Länge des Zweiges 10 cm.

aus vier bis sechs Schuppen, welche je zwei (bis drei) Samen bergen. Diese sind runde Scheiben mit zwei Flügeln, die so breit wie die Samen sind. Die Samenschale enthält keine Harzbeulen, wie sie Ch. Lawsoniana obtusa und pisifera eigen sind.

Von Wuchsformen ist eine besonders schön, deren Aeste zweiter Ordnung schlaff von denen erster Beastung herabhängen, so dass die Beastung fahnenartig ist (pendula). An kleinen Formen sind eine dichte Kugelform (compacta), eine dichte Kleinkugelform (gracilis) und eine nestförmige Kugel (nidiformis) bekannt.

Farbenformen sind: viridis (freudiggrün), glauca und glauca vera, blaugrün, die auch mit goldbunten Blättern (aureo-variegata) vorkommt; ferner goldgelbe aurea und gold- und silberbunte Formen (argenteo- und aureo-variegata).

Chamaecyparis sphaeroidea Spach. (syn. thyoides L.). Die weisse Cypresse ist auf sumpfigen, anmoorigen Böden, an Seeufern, auf nassem Sande im Laubmischwalde im östlichen Nordamerika, in Canada und Nordcarolina ein Baum, der auf den günstigeren Standorten ca. 25 m Höhe erreicht. In Deutschland wird er unter guten Bedingungen auch über 20 m, sonst bleibt er allerdings kaum halb so hoch. Er kann an Seeufern mit dem Fuss im Wasser gezogen werden. Schöne Bäume stehen in Wörlitz. Er ist bei uns völlig hart, in der Jugend langsamwüchsig und giebt ein leichtes, aber dauerhaftes Holz mit graubraunem Kern.

Seine Färbung ist meist grau, seine beiderseits graugrünen Zweige sind nur sehr schmal, die Flächenblätter beiderseits mit stark erhabener halbkugeliger Oeldrüse, die Spitzen der Kantenblätter angedrückt, an den Berührungslinien der Flächen- und Kantenblätter unterseits weiss. Der Gipfel steht direkt aufrecht. Die Zapfen sind kugelig, nur 4—6 mm dick, braun, blau bereift und aus 6—8 genabelten Schuppen gebildet; die kreisrunden Samen haben nur sehr schmale Flügel.

Fig. 90.
Chamaecyparis
sphaeroidea Spach.
f. Andelyensis.
Verkleinert.

Die Formen sind durch Stecklinge zu erziehen. Solche sind: ericoides, eine klein bleibende Jugendform, die ausschliesslich einfache Primärblätter trägt, während Andelyensis eine zierliche, steife Zwergpyramide, die an den normalen Aesten mit schuppenförmigen Blättern zuweilen einzelne Zweige mit Primärblättchen trägt.

Von Wuchsformen werden kultiviert: pyramidata, eine kleine Säule; fastigiata glauca, eine blaue, steife Säule; eine Trauerform mit hängenden Zweigen ist pendula, Zwerge sind nana und die noch kleinere pygmaea. Eine Zweigform ist die mit verbänderten Triebspitzen (Hoveyi).

Farbenformen sind: bläulich (glauca); dunkelgrün (atrovirens); goldig (aurea); gelbbunt (variegata).

Juniperus, Wachholder.

Sträucher und kleine Bäume der nördlichen Halbkugel in etwa 30 Arten, deren kugelige Zäpfchen beerenartig sind, da die Samenschuppen fleischig werden und mit den Rändern verwachsen. Die (1—2) Samen, welche meist nur auf den Schuppen des obersten Quirles gebildet werden (während die Schuppen der unteren 1—3 Quirle steril sind), bleiben eingeschlossen und kommen erst durch Verwittern der Beerenzapfen oder dadurch, dass sie von Tieren gefressen werden, frei. Die Samen haben eine harte, mit Oelbehältern besetzte Schale und keimen mit zwei oberirdischen Cotyledonen. Die Blätter tragen ein weisses Spaltöffnungsband oberseits.

Die männlichen Blüten sind kätzchenförmig. Die Staubblätter tragen 3—6 der Länge nach aufspringende Pollensäcke.

Die Juniperus-Arten kommen zersprengt im Walde vor und bilden auch grosse Bestände als Unterholz oder frei auf Heiden und dürren Orten. Forstlich werden die meisten nicht kultiviert, bilden aber, wo sie hochstämmig werden, eine Nebennutzung, da ihre Stämme zu Zäunen etc. verwendet werden. Nur Junip. virginiana wird wegen des zu Bleistiften verwendeten Holzes gezogen. Gärtnerisch werden sie in verschiedenen Formen vielfach benützt.

Man teilt die Wachholder-Arten in drei Sektionen.

1. Sektion Caryocedrus Endl.

mit der einzigen Species:

J. drupacea Lab. Die Samen sind meist zu einem dreifächerigen Steinkern verwachsen. Die männlichen Blüten stehen zu mehreren in einem Köpfchen beisammen. Die Blätter sind wie beim gemeinen Wachholder. Die Knospen sind behüllt. Die kugeligen, blau bereiften Beeren haben 20—25 mm Durchmesser. Die Stämme werden 10 m hoch. Dieser Wachholder, der in Deutschland nur in den mildesten Lagen aushält, kommt in den Gebirgen des nördlichen Syriens, Balkans und Kleinasiens vor.

2. Sektion Oxycedrus Endl.

Laubblätter und Zapfenschuppen in alternierenden dreizähligen Quirlen. Laubblätter nadelförmig, abstehend, oberseits rinnig vertieft mit weissem Spaltöffnungsbande, nicht decurrent, ohne Harzdrüse. Blüten zweihäusig. Weibliche Blüten nur aus 1—2 Quirlen von Samenschuppen, von denen die Schuppen des oberen Quirles je einen Samen tragen. Die unverwachsenen hartschaligen Samen tragen Harzlücken. Die Knospen sind mit Schuppen behüllt. J. Oxycedrus und macrocarpa haben rote, J. communis und nana schwarze, blaubereifte Beerenzapfen.

Juniperus communis L., gemeiner Wachholder, Kranawitt. Der gemeine Wachholder tritt sowohl als kleiner Strauch wie als pyramidenförmiger Grossbusch und als kegeliger Baum von 12 m Höhe und über $\frac{1}{2}$ m Durchmesser auf. Im ersteren Falle hat er Bedeutung als unterständiges Bodenschutzholz in Laub- und Nadelwald. Im letzteren giebt er sehr zähes, dauerhaftes Material zu Zäunen, Peitschen, Drechslerarbeiten und Schnitzereien.

In Parkanlagen ist er besonders auf mageren, trockeneren Böden und in rauhen Lagen wertvoll, wo andere Holzarten schwer gedeihen.

Er kommt in ganz Europa vom 35.⁰—71.⁰ n. B. vor auf trockenem Sande bis zum feuchten Moorboden. Am besten gedeiht er auf frischem Sandboden und in luftfeuchtem Klima an Küsten und Seen. Auf trockenen Hängen wird er vielfach schmal säulenförmig.

Fig. 91. Juniperus communis L.
Weibliche Pflanze mit vorjährigen Beeren. Im Frühjahr. Natürl. Grösse.

Er kommt von Portugal bis Asien vor, im Norden am Strande und auf den Bergen, im Süden nur noch im Gebirge, in der Sierra Nevada und im Kaukasus bis 2500 resp. 2000 m. Er ist von langsamem Wuchse, erreicht aber sehr hohes Alter, ist überall völlig frosthart und höchstens gegen trocknende Winde empfindlich.

Er kommt in sehr verschiedenen Formen vor, so nach Willkomm und Beissner: vulgaris (montana Neilr. et Knapp.), die gewöhnliche Form, busch- bis baumartig, besonders in den baltischen Provinzen; suecica (= fastigiata Knight), ein Baum dritter Grösse mit kegelförmiger Krone und grossen Beeren und nickenden Triebspitzen; hibernica (= pyramidalis, stricta), Pyramide ohne nickende Spitzen; compressa (hispanica), dichte Säule.

Hängeformen sind pendula und oblongo pendula.

Kugelformen: hemisphaerica, niederliegend, halbkugelig; echinoformis, dichte, kleine Kugel; niederliegend ist prostrata.

Fruchtform: Während normal die 3 obersten Schuppen fast bis an ihre Spitzen verwachsen, kommen Büsche mit Beeren vor, deren 3 oberste Schuppen lang ausgewachsene, gekrümmte, abstehende Spitzen haben. So z. B. häufig in Ambach bei München.

Der Wachholder ist bald grünlicher, bald bläulicher und wird auch gelbbunt gezogen.

Seine botanischen Merkmale sind folgende:

Die männlichen, blattachselständigen Blüten sind im Herbste gebildete, im Frühling aufblühende gelbe Kätzchen. Die weiblichen Blüten sind grüne Zäpfchen, die in den Blattachseln der Maitriebe einzeln sitzen mit drei Ovulis. Sie reifen erst im Herbste des zweiten Jahres, dann schwarze, blau bereifte kugelige Beeren mit drei hartschaligen Samen darstellend. Sie sind fast alljährlich an den weiblichen Büschen zu finden. Die Beeren werden gegessen, zu Branntwein, zu medizinischen Zwecken, zum Räuchern etc. verwendet und von Vögeln gefressen. Die Samen liegen 1—2 Jahre über und keimen mit zwei oberirdischen Cotyledonen. Die Nadeln sitzen zu drei im Quirl, an der Basis gegliedert, abstehend, mit scharfer Spitze und oberseits rinnig mit weissem Bande. Die jungen Zweige sind dreikantig. Die Rinde ist grau und bildet später eine abschülfernde Faserborke. Das Holz hat breiten gelben Splint, braunen Kern mit schwachem Geruch. Es ist weich, schwer spaltbar, gut zu schneiden, elastisch, dauerhaft.

Juniperus nana Wild., Zwergwachholder. Der niederliegende Strauch kommt auf moorigem Boden der arktischen und kalten Zone in Europa, Asien und Amerika vor und findet sich ausserdem als Hochgebirgsstrauch z. B. in den Alpen und Karpathen. Er ist nicht bloss durch seinen Wuchs, sondern auch durch die sehr breiten, etwas gekrümmten und stumpf endenden, oben tiefgehöhlten Blätter mit einem sehr breiten, weissen Mittelband der Oberseite gut charakterisiert. Ohne forstliche Bedeutung, findet er nur auf Felsanlagen in Gärten und Parks eine Verwendung.

Juniperus Oxycedrus L. Dieser schon am Karst, bei Triest, Fiume, in Dalmatien häufige und in den ans Mittelmeer grenzenden Ländern als Strauch und kleiner Baum vorkommende Wachholder fällt durch die grossen (es kommen solche mit 7—9 und solche mit 12—14 mm Durchmesser vor) roten, nur an den Rändern der verwachsenen Zapfenschuppen blaubereiften, kugeligen Beerenzapfen auf. Seine Nadeln, ähnlich denen von J. communis, tragen oberseits zwei weisse Spaltöffnungsstreifen. In Deutschland hält dieser Wachholder nicht aus.

Fig. 92.
Juniperus Oxycedrus L.
Zweig mit reifen roten Früchten schwach vergrössert, aus Fiume. (Oktober.)

Juniperus macrocarpa Sibth. Dieser bei uns gleichfalls nicht fortkommende Wachholder tritt ebenfalls im mediterranen Gebiet auf und ist schon bei Triest, Fiume, Dalmatien häufig als grosser Strauch oder kleiner Baum im Buschwalde der felsigen Berghänge zu finden. Seine Beerenzapfen sind stets 12—15 mm im Durchmesser, rot und auf der ganzen Oberfläche blau bereift. Auch die jungen Triebe sind blau bereift.

Juniperus rigida Sieb. et Zucc. aus den Bergen Japans ist dem gewöhnlichen Wachholder ähnlich; **Juniperus nipponica** Max. mehr dem J. nana; J. **litoralis** Max. (= conferta Parl) ein liegender Strauch aus Japan. Diese haben alle noch wenig Bedeutung für uns.

3. Sektion Sabina, Sadebäume, Sevenbäume.

Alle Blätter oder ein Teil derselben cypressenartig schuppenförmig, mit decurrenter Basis und meist mit einer Oeldrüse am Rücken. Die weiblichen Blüten bestehen aus 4—6 decussiert stehenden Schuppen, deren zwei oberste Paare die Ovula tragen, so dass der kugelige Beerenzapfen 1—4 hartschalige Samen trägt. Knospen unbehüllt. Wichtig sind nur J. virginiana und Sabina; einheimisch ist nur der letztere.

Juniperus Sabina L., gemeiner Sadebaum. In den Alpen vielfach ein die Felsen latschenartig deckender und überziehender Strauch, der aber auch in Buschform im lichten Bergwalde vorkommt und in ganz Südeuropa, Kleinasien, Kaukasus und dem südlichen Nordasien als Gebirgsstrauch auftritt. In allen Bauerngärten ist er als Busch und selbst baumartig verbreitet, da die jungen

— 147 —

Triebe als Abortivmittel gebraucht werden. Aus diesem Grunde und als Wirtspflanze des Gymnosporangium Sabinae, welches den

Fig. 93. Juniperus Sabina L.
Weibliche Pflanze. Natürl. Grösse.

Birnenrost veranlasst, sollte er in Gärten und Anlagen nicht kultiviert werden, zumal er durch andere Coniferen leicht ersetzbar ist.

Seine Blätter sind alle 2zählig decussiert und die meisten schuppenförmig, an Kulturexemplaren vielfach einfach und 3zählig in Quirlen. Die 5—7 mm dicken Beerenzapfen sind schwarz und blau bereift, auf gebogenen Stielchen nickend. Sie enthalten 1—4 hartschalige, freie Samen. Die Keimlinge haben einfache Nadeln und zwei Cotyledonen. Die Zweige haben, gerieben, einen intensiven, balsamisch unangenehmen Geruch. Das Holz hat roten, gewässerten Kern, ist dauerhaft und hat angenehmen Geruch.

Der Sadebaum kann durch Saat und Stecklinge vermehrt werden.

Er wird in Formen kultiviert, so in aufrechten Säulen (fastigiata) und Büschen (erecta); als niederliegende Form (humilis); als Kriecher (prostrata); buntblätterig (variegata). Die männlichen Exemplare sind überhaupt mehr aufrecht wie die weiblichen.

Fig. 94. Juniperus virginiana L.
Weibliche Pflanze. Natürl. Grösse.

Juniperus virginiana L., virginischer Sadebaum, Bleistiftceder. In Nordamerika im Osten von der Hudsonsbay bis Florida herab und von der Ostküste mit Ausschluss der Prairie bis zur Nordwestküste auf sumpfigem bis trockenem Boden, zeigt die rote Ceder in Amerika eine Verbreitung wie J. communis in Europa, und doch haben die Anbauversuche in Deutschland grösstenteils nicht befriedigt. Sie verlangt hier kein zu rauhes Klima und frischen Boden und ist sehr langsamwüchsig, weshalb die forstliche Anzucht zur Erziehung des wertvollen Bleistiftholzes nur in beschränktem Masse stattfindet.

In Nordamerika giebt sie auch mehr im Süden, dem nördlichen Florida und östlichen Texas Stämme von 30 m und wird von hier hauptsächlich das Holz exportiert.

In Deutschland stehen übrigens an günstigen Orten auch Stämme mit 25 m Höhe.

Verwendung findet nur das rote Kernholz mit dem bekannten Geruche. Es wird in Amerika auch zu Schwellen und als Schreinerholz verwendet.

Die virginische Ceder ist sehr variabel in der Belaubung. Sie trägt gekreuzt zu zwei decussiert stehende dachziegeliche, angedrückte, einfache Schuppenblätter und zu dreien im Quirl stehende einfache Nadeln. Diese haben weniger unangenehmen Geruch wie die von J. Sabina. Bei älteren Bäumen werden mehr schuppenförmige Blätter gebildet. Die Triebe erscheinen vierkantig cypressenähnlich.

Die Beerenzapfen sind rot, mit blauem Reife bedeckt und 6—8 mm lang, aus 4—6 gekreuzten Schuppen gebildet.

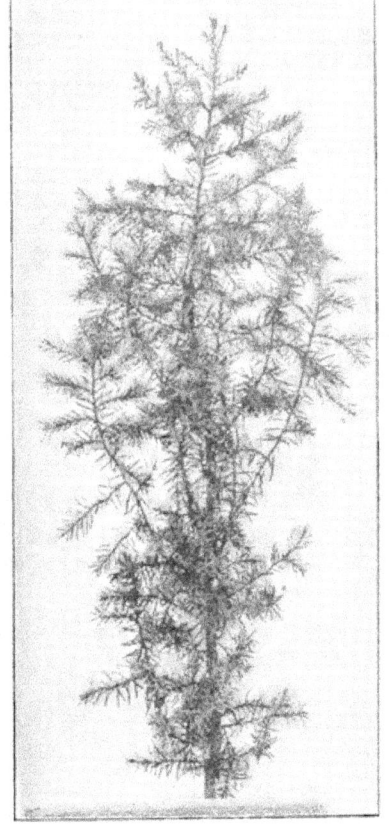

Fig. 95. Juniperus virginiana L.
Jüngere Pflanze, nur mit einfachen Blättern.

Sie enthalten 1—4 hartschalige feine Samen, welche ein Jahr im Boden über liegen.

Die Keimlinge tragen zwei ca. 15 mm lange, oben mattgrüne, unten glänzende Cotyledonen. Von den Primärblättchen stehen zwei sich gegenüber, die folgenden stehen zu vier im Quirl und sind abstehend, nadelförmig.

Die zahlreichen Formen werden durch Stecklinge vermehrt.

Eine aufrechte Form, fast nur mit einfachen Nadeln ist Bedfordiana. Säulenförmig ist pyramidalis; eine Pyramide mit zweierlei Blättern und sonstigen Abnormitäten polymorpha. Hängeformen sind pendula und Smithii pendula; mit hängenden ausgebreiteten Aesten Chamberlaynii; eine Pyramide mit nickenden Aesten nutans; eine Pyramide mit bläulichen Schuppenblättern turicensis.

Niedere Formen sind: interrupta, kurze Pyramide; dumosa, buschiger, rundlich-pyramidenförmiger Strauch; globosa, dichte Kugel; Schottii, grüne Zwergpyramide; nana nivea, weisslicher Zwerg; Kosteriana, schirmförmig; niederliegend reptans.

Nadelformen sind: tripartita mit einfachen Nadeln wie die Sämlinge; kommt auch gelbbunt (aureo-variegata) vor; plumosa fast nur mit nadelförmigen Blättern, mit weissen Triebspitzen alba und weissschimmernd nivea.

Farbenformen sind: glauca, blaugrün; cinerascens, grauschimmernd; albo-spica mit weissen Zweigspitzen; albo-variegata, weissbunt; dieser ähnlich Triomphe d'Angers; gelbspitzig aureo-spica und elegantissima; gelbbunt aureovariegata und aureo-elegans.

In Amerika kommen ferner noch zwei Sadebäume vor:

Juniperus occidentalis Hook., an heissen trockenen Bergabhängen im westlichen Nordamerika, selten ein Baum bis 30 m. Bei uns empfindlich, ebenso wie der ihm nahestehende **J. californica** Carr., von gleichen Standorten in Californien.

Die übrigen Arten sind Südeuropäer oder Asiaten.

Juniperus phoenica L. von den Mittelmeerländern. Ein über 6 m hoher Baum mit rotglänzenden Beerenzapfen, der für unser Klima zu empfindlich ist.

Juniperus thurifera L. von der pyrenäischen Halbinsel und Algier, wird 15 m hoch und ist empfindlich, mit schwarzen Beeren.

Juniperus excelsa Bieb., ein 15—20 m hoher **Waldbaum** vom griechischen Archipel in Kleinasien bis Himalaya. Mit schwarzen Beeren; ist ebenfalls empfindlich.

J. foetidissima Wild. Von Macedonien, Griechenland bis Kaukasus, Syrien; noch nicht in Kultur.

J. chinensis L. von China und Japan, mit schwarzen, blau bereiften Beerenzapfen, ein Waldbaum, der bis 25 m Höhe erreicht.

Er hat folgende Formen:

Von J. chinensis haben männliche und weibliche Pflanzen verschiedenen Habitus; Hängeformen: (pendula), auch mit gelbem Schimmer (aurea), Pyramiden (pyramidalis) und breite Büsche (procumbens), die wieder weissbunt, gelbbunt und gelbspitzig (aurea) gezogen werden. Die gelbspitzige Form (aurea) und die weissspitzige (argenteo-variegata) werden auch bei der Normalform gezogen.

J. sphaerica Lindl. aus Nordchina mit kugeligen, schwarzen, unbereiften Beerenzapfen, der 12 m Höhe erreicht, ist ebenso wie chinensis in den Kulturen Deutschlands hart.

J. recurva Ham. vom Himalaya zeigt die Spitzen der obersten angewachsenen Deckschuppen vom Zapfen abstehend. Die Zapfen sind eiförmig gestreckt und bräunlich. Er ist empfindlich.

Er kommt in zwei Formen vor: f. densa, buschig, mit zurückgekrümmten Trieben und squamata, die niederliegt mit weniger angebogenen Aesten.

J. Pseudo-Sabina Fisch. et Mey. Vom Beikal bis Himalaya und Tibet mit eiförmig verlängerten schwarzen Beerenzapfen, ist erst in jungen Exemplaren in Kultur.

Zahlreiche andere Arten sind bei uns zwar noch nicht in Kultur, bei Beissner aber schon beschrieben, meist jedoch schwer zu unterscheiden.

V. Podocarpeae.

Immergrüne Bäume und Sträucher wärmerer Klimate, die bei uns im Freien nicht aushalten. Die Fruchtblätter tragen mehr oder weniger umgewendeten, selten axillär aufrechten Samen, den ein vollständig oder nur becherartig umschliessendes, arillusartiges Integument (Samenschale) umhüllt. Die Samen reifen im ersten Jahre.

Saxegothaea
mit der einzigen Species:

S. conspicua Lindl., ein kleiner Baum aus den Anden in Patagonien, welcher in England den Winter noch aushalten soll. Die nadelförmigen Blätter tragen unterseits zwei weisse Spaltöffnungsreihen. Die Zapfen stehen einzeln endständig, sind kugelig und durch Verwachsen der fleischig werdenden, dachig sitzenden Fruchtblätter eine vielfächerige Beere, welche durch die abstehenden Spitzen der Fruchtblätter weichstachelig ist. Auf jedem Fruchtblatt befindet sich ein umgewendeter Same, der im ersten Jahre reift. Die Blüten sind einhäusig.

Microcachrys
mit der einzigen Species:

M. tetragona Hook., ein kleiner Baum auf den Hügeln in Tasmanien mit gegenständigen schuppenförmigen Blättern und cypressenartigen Zweigen. Die Zäpfchen stehen einzeln endständig und bestehen aus 8—10 in vierzähligen Quirlen stehenden, zur Reifezeit zwar fleischig gewordenen, aber nicht miteinander verwachsenen Fruchtblättern. Die Samen mit lockerem, lappig gezähntem Arillus. einzeln, umgewendet auf den Fruchtblättern, sind zwischen diesen in dem maulbeerförmigen Zapfen fast völlig versteckt. Die Blüten sind zweihäusig.

Podocarpus.

Ueber 40 Bäume und Sträucher im östlichen Asien und den gemässigten Regionen der südlichen Halbkugel, welche in Deutschland nur im Glashause kultiviert werden können. Ihre gegenläufigen Samen mit einem inneren holzigen und einem äusseren fleischigen Integument ragen zwischen den meist verwachsenen Fruchtblättern hervor. Jedem Fruchtblatt entspringt ein Same. Die Blüten sind zweihäusig. Die Blätter haben teils die Gestalt gewöhnlicher breiter, immergrüner Laubblätter, teils sind sie flach, schmal und nadelförmig. Man ordnet die Arten in vier Sektionen und zwar: Sekt. Nageia, Sekt. Eupodocarpus, Sekt. Stachycarpus und Sekt. Dacrycarpus.

Dacrydium (incl. Spherosphaera Arch.).

12 Bäume und Sträucher aus dem malayischen Gebiete, Neu-Seeland und Tasmanien mit nadel- oder schuppenförmigen Blättern. Die Blüten stehen einzeln, endständig. Ein oder mehrere Fruchtblätter, die nicht verwachsen und wenig von den nächsten Laubblättern verschieden sind, tragen je einen aufrechten oder halb umgewendeten Samen mit freiem, halbumhüllendem, arillusartigem, äusserem Integument. Alle Arten halten bei uns nur im Glashause aus.

VI. Taxaceae.

Bäume und Sträucher, die mit Ausnahme von Ginkgo immergrün sind. Nur Taxus gehört der nördlich gemässigten Zone an. Ginkgo, Torreya und Cephalotaxus gehören der boreal-subtropischen Zone Ostasiens und Nordamerikas an. Phyllocladus bewohnt Neu-Seeland, Borneo, Tasmanien. Forstliche Bedeutung hat für uns nur Taxus. Ginkgo gedeiht in Deutschland gut und ist schon in vielen grossen Baumexemplaren vorhanden. Torreya und Cephalotaxus machen Ansprüche an mildes Klima. Phyllocladus kann nur im Glashause gezogen werden. Man erzieht alle Arten durch Samen, die teilweise (Taxus) erst im zweiten Jahre keimen, sie lassen sich aber auch alle durch Stecklinge, ja durch Setzstangen (Ginkgo) vermehren und geben alle Stockausschlag. Die Knospen sind mit Schuppen bedeckt. Sie unterscheiden sich im Blütenbau von den Podocarpeen durch die aufrechte Samenknospe, die oft frei und nackt steht, da das Fruchtblatt nur rudimentär ist (Taxus). Sonst stehen einer, selten zwei Samen auf dem Fruchtblatt. Die Samen sind von becherartigem weichem Arillus umschlossen (Taxus) oder die Aussenschichte des Integumentes ist pflaumenartig weich (Ginkgo, Cephalotaxus). An den Staubblättern hängen 2—8 Pollensäckchen. Die Pollenkörner entbehren der Flugblasen. Die Samen reifen im ersten Jahre.

Phyllocladus.

Diese Gattung besitzt nur drei Arten, deren Kurztriebe als blattförmige Flachsprosse ausgebildet sind. Die Blättchen sind nur in der Form kleiner zahnförmiger Schüppchen vorhanden. Die Fruchtblätter werden fleischig, verwachsen zu mehreren etwas miteinander und tragen je einen aufrechten, achselständigen Samen, welcher am Grunde von einem kurzen lappigen Arilluskrug umhüllt ist. Zur Reifezeit sehen die Samen über die Fruchtschuppen vor.

Ph. trichomanoides Don. ist ein hoher Baum der Gebirge Neu-Seelands mit hochwertigem Holze und farbstoffreicher Rinde.

Ph. rhomboidalis Rich., ein hoher Baum in Tasmanien mit hochwertigem Holze.

Ph. hypophyllus Hook. auf den Bergen Borneos.

Alle Arten können in Deutschland nur im Glashause gehalten werden.

Ginkgo
mit der einzigen Art:

Ginkgo biloba L. (syn. Salisburia adiantifolia Sm.) Ginkgo. Dieser Baum, dessen eigentliche Heimat nicht bekannt ist, wird in Japan und besonders in den Tempelhainen Chinas viel kultiviert und ist seit über 100 Jahren schon in Europa verbreitet. Die männlichen Exemplare haben schlanken geraden Stamm von 30—40 m Höhe, die weiblichen gehen meist mehr in die Aeste und haben eine ausgebreitete Krone. In manchen botanischen Gärten (z. B. Würzburg, Wien, Paris, Basel, Jena etc.) hat man Zweige eines weiblichen Baumes auf männliche Bäume gepropft. Sehr grosse männliche Exemplare stehen z. B. in Amorbach, Würzburg, Karlsruhe, grosse weibliche fruchtende Bäume in Bozen, Mailand und an vielen anderen Orten. Aus ihren Samen siedeln sich unter ihnen zahlreiche junge Pflanzen an.

Forstlich wird Ginkgo nicht benützt, obwohl sein leichtes, gelbliches Holz in Japan viel verarbeitet wird, in Parkanlagen ist er jedoch häufiger zu finden und vertritt hier die Stelle eines recht eigenartigen Laubholzes, denn er ist sommergrün und wirft im Herbste die gelb gewordenen Blätter ab. In Japan wird er durch Stecklinge und Setzstangen vermehrt und giebt Stockausschlag und Wurzelbrut. Er ist aber auch sehr leicht durch Samen zu ziehen, da die Keimlinge sehr schnell wachsen. Sie verlangen

Fig. 96. Ginkgo biloba L.

höchstens in der ersten Jugend etwas Schutz und erweisen sich später als frosthart.

Die männlichen Blüten bilden kurzgestielte Kätzchen, die Staubblätter tragen zwei Pollensäcke. Die weiblichen Blüten sitzen meist zu zweien an langen Stielen als nackte Ovula, die an der Basis von einem Ringwulst gefasst sind.

Die 25—30 mm langen Samen besitzen eine dünne verholzte glatte Innenschale und eine weiche, stark und unangenehm riechende ölige Aussenschale, die zur Reifezeit gelb (vorher grün) ist und dem Samen das Ansehen einer Mirabelle verleihen. Die

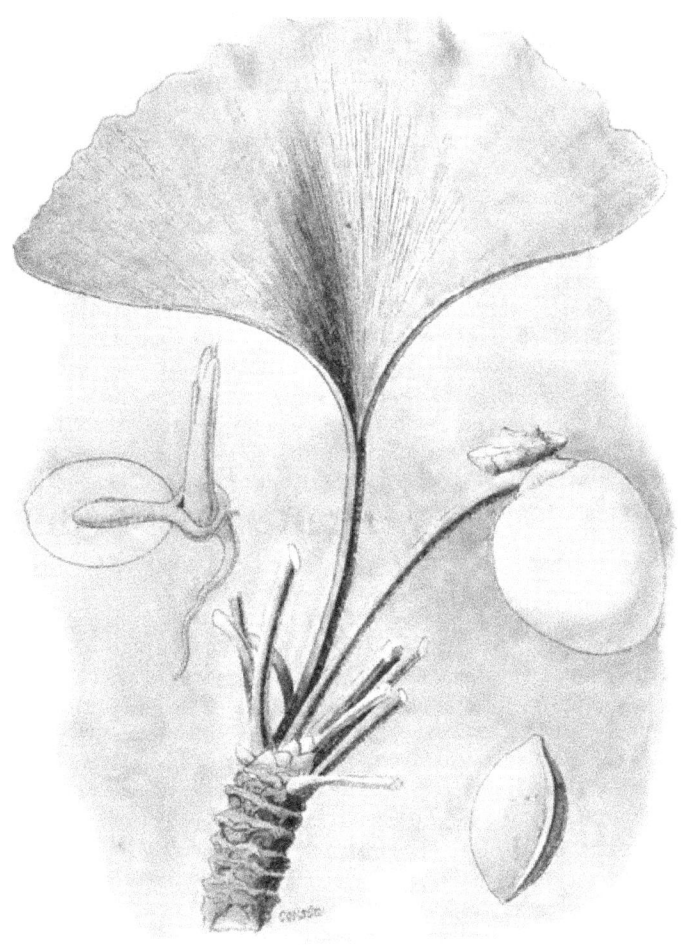

Fig. 97. Ginkgo biloba L.

Samentragender Zweig aus Bozen (Oktober) in natürl. Grösse. Dem mit saftiger gelber Hülle umgebenen Samen sass noch ein anderer gegenüber. Rechts unten ist ein von der fleischigen Hülle befreiter Same wie er zur Saat kommt. Links ist der Keimling nach Entfernung des einen der fleischigen unter der Erde bleibenden Cotyledonen gezeichnet.

Befruchtung der Eizelle tritt erst nach Samenabfall, lange Zeit nach der Bestäubung, aber im ersten Jahre ein.

Der ölreiche wohlschmeckende Kern wird zu Oel geschlagen und vielfach geröstet und gegessen.

In den Handel kommen die mit Salzwasser von der nach Capron-Säure stinkenden Aussenhülle befreiten Samen.

Sie keimen nach wenigen Wochen, die zwei Cotyledonen in der Samenschale unter der Erde lassend und den ersten Spross erhebend. Die Blätter stehen spiralig und tragen Achselknospen, die im nächsten Jahre zu Kurztrieben auswachsen wie bei der Lärche. Diese Jahre lang lebenden Kurztriebe tragen später alljährlich die Blattbüschel und Blüten. Die Blätter haben die eigentümliche Form, die aus der Abbildung ersichtlich ist, mit paralleler, sich teilweise gabelnder Nervatur, und sind bei der einen Form in mehrere tiefere Lappen zerschlitzt (laciniata), sonst ganz oder nur einmal gabelig (dichotom) gelappt.

Sie sind lederig und fallen im Herbste ab, nachdem sie sich schön gelb verfärbt haben. Es kommt auch eine Form mit gelbstreifigen Blättern (variegata) vor.

An Wuchsformen wird eine Hängeform mit überhängenden Aesten (pendula) gezogen.

Taxus.

Weibliche Blüten einzeln aufrecht auf kurzem, mit schuppenförmigen Blättchen bedecktem Stiele, von fleischigem, becherförmigem Arillus umschlossen. Männliche Blüten auf beschupptem Stiele, mit etwa 10 schildförmigen Staubblättern, die mehrere längsspaltig aufspringende Staubbeutel tragen. Kurztriebe fehlen. Die Blätter sind ähnlich den Abiesnadeln, aber ohne Weiss der unteren Spaltöffnungsstreifen. Junge Triebe grün.

Taxus baccata L., Eibe. Einst ein weitverbreiteter Waldbaum, dessen hochgeschätztes, gleichmässig gewachsenes Holz zu Bogen, Stöcken, Schnitzereien, Drechslerarbeiten etc. vielfach Benützung fand, ist die Eibe vielfach ganz verschwunden oder nur noch selten zu finden. Sie kommt in ganz Europa bis zum 60.° n. Br. vor und nach Süden in Griechenland, Spanien und Portugal bis zum 36.° Oestlich geht sie bis Persien, und wenn man die Amerikaner und Japaner als Varietäten (canadensis, brevifolia, cuspidata) hinzuzieht, ist sie auch in Nordamerika, Himalaya und Japan zu Hause. Sie steigt in den bayerischen Alpen von der Thalsohle bis zu 1200 m, in Spanien bis 2000 m und kommt überall in Ebene und Gebirg als Mischholzart im Hochwalde beigemengt

und als am meisten schattenertragendes Nadelholz unterständig vor.
Ihr Wuchs ist äusserst langsam. Sie ist empfindlich im Freistande,
erträgt aber im geschlossenen Gebirgswald jede Kälte.

Im Park ist sie in zahllosen Spielarten sehr beliebt und zu
lebenden Hecken und Figuren vielfach verwendet, da sie den Schnitt
sehr gut verträgt und mit zahlreichen Knospen wieder ausschlägt.
Ebenso überwindet sie schnell andere Beschädigungen. Sie schlägt

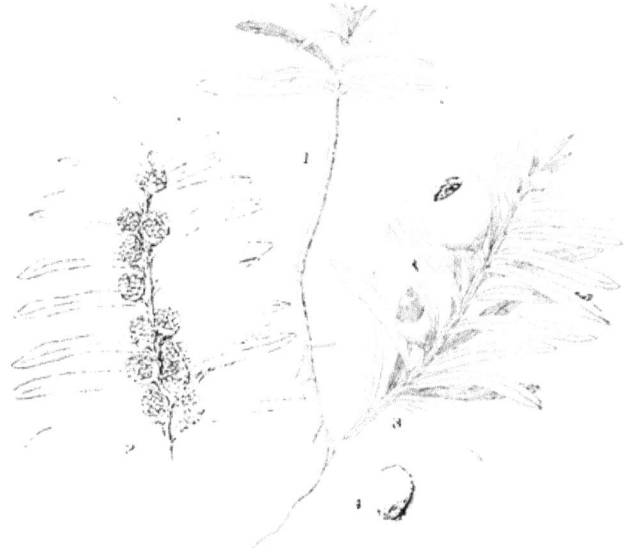

Fig. 98. Taxus baccata L.
1. Keimling. 2. Zweig mit männlichen Blüten, von der Unterseite. 3. Zweig mit reifen
Samen und vollkommen entwickeltem Arillus und solchen mit nur halb entwickeltem
Arillus. 4. Same allein. 1, 2, 3 natürl. Grösse, 4 vergrössert.

auch reichlich aus dem Stock aus und kann durch Stecklinge vermehrt werden. Sie erreicht ein sehr hohes tausendjähriges Alter,
aber nur geringe Dimensionen von 12—15 m Höhe und 2—3 m
Brusthöhenumfang.

Sie wird etwa mit dem 30. Jahre mannbar. Die männlichen Blüten sind kleine Kugelzäpfchen in den Blattachseln
der Zweigunterseite und stäuben April bis Mai. Die weiblichen
Blüten sind nackte Ovula auf kurzen, mit Schuppenblättern ge-
deckten Stielchen in den Blattachseln, anfangs grün, später braun.
An ihrer Basis erhebt sich ein grüner Ringwulst aus der Achse

und wächst zu einem fleischig und karminrot werdenden Becher (Arillus) frei um den hartschaligen Samen fast bis zur Höhe von dessen Spitze. Der Same ist eiförmig und zeigt an der Basis einen runden hellen Fleck, er ist ca. 10 mm lang und trägt zwei stumpfe Längskanten. Der Same reift im Herbste des ersten Jahres und wird durch Amseln, die den Arillus fressen, verbreitet. Er liegt zum grössten Teil ein, zum Teil zwei bis drei Jahre im Boden über und keimt dann mit zwei grünen Cotyledonen, die 16—20 mm lang und beiderseits rein grün sind wie die spiralig gestellten Primärblättchen. Erstere tragen die Spaltöffnungen oben, jene wie alle Blätter unten. Sie unterscheiden sich von den Cotyledonen der Tannen und Tsugen durch den Mangel weisslicher Spaltöffnungsstreifen, von denen der Thujen durch ihre Derbheit und Grösse. Die Primärblätter sind durch die spiralige Stellung und den Mangel weisser Streifen kenntlich. Die kugeligen Knospen sind beschuppt.

Die Blätter sind tannenähnlich, aber einspitzig, weich, oben dunkel-, unten hellgrün (ohne weisse Streifen), sie sind für Pferde giftig; die einjährigen Zweige sind grün. Aeltere Zweige werden glänzend braun. Der Stamm ist durch das Abwerfen grosser, flacher Borkeplatten heller und dunkler-fleckig. Das Holz hat sehr schmalen, schön gelb bleibenden Splint und dunkel-braunroten Kern. Es ist sehr schwer, gleichmässig, engringig, schwerspaltig und daher gut zu schnitzen und sehr dauerhaft.

Von Kulturformen sind besonders die aufstrebenden dichten Säulen beliebt, so die nur weiblich vorkommende fastigiata (= hibernica), die goldgelb (aurea), goldbunt (aureo-variegata), weissbunt (argenteo-variegata) und goldbunt mit besonders dichtem Wuchs (compacta) vorkommt; ferner columnaris, schmale, dichte Säule; ferner ein kegelförmiger Busch (compressa); eine Pyramide (intermedia) und (pyramidalis); aufrecht strebende Büsche sind erecta, die auch bläulich (glauca) und gelbbunt (aureo-variegata) vorkommen; eine schlank aufstrebende Form ist imperialis und Nedpath Castle.

Hängeformen sind: pendula gracilis, pendula gratiosa und Dovastoni (auch goldbunt aureo-variegata), die nur weiblich vorkommt; f. horizontalis hat ausgebreitete, f. recurvata übergebogene Aeste, dazwischen steht Jacksonii.

Zwerge sind: expansa, auf dem Boden ausgebreitet; nana, breitbuschig und nieder; ericoides, spitzblätterig; monstrosa, unregelmässig verzweigt.

Farbenformen sind: glauca, blaugrün; albo-variegata, weissbunt; aureo-variegata, gelbbunt; elegantissima mit goldgelben jungen Trieben; Elvastonensis aurea mit gelben Blättern; Washingtonii, dicht und bronzefarbig.

Fruchtformen sind: fructu luteo mit gelbem Arillus und microcarpa, kleinsamig.

Zu unterscheiden sind noch cuspidata Carr., die auch als Species betrachtet wird und in Japan heimisch ist, die Blätter sind kurzstachelspitzig; ferner adpressa Carr., breite Büsche bildend mit kurzen, breiten Blättern (= tardiva Laws, und parvifolia Wend.), die von Kühne als Art betrachtet wird und als Säule (stricta) sowie buntblätterig (variegata) vorkommt. Endlich canadensis Wild., die im östlichen Nordamerika an kalten, feuchten Orten als Unterholz von Canada bis Virginien verbreitet ist (= minor Mich.) und brevifolia Nutt. aus dem westlichen Nordamerika an der Küste und den Küstengebirgen von Alaska bis Californien; endlich als flachausgebreiteter Busch T. Sieboldii.

Cephalotaxus, Kopfeibe.

Die schuppenförmigen Fruchtblätter verkümmern zur Reifezeit ganz. Die Zäpfchen entstehen zu 1—3 aus den Schuppenachseln von Trieben, die erst nach der Blüte auswachsen. Die Fruchtblätter tragen je zwei aufrechte nackte Ovula, die zur Reife ein aussen pflaumenartiges Integument tragen. Die Innenschale ist

Fig. 99. Cephalotaxus pedunculata Sieb. et Zucc.
Zweig von der Unterseite. Die Blätter zeigen 2 breite weisse Spaltöffnungsstreifen. Die braunen, pflaumenähnlichen Samen sind bis auf einen abgefallen. Zweig in natürl. Grösse aus Bozen, im Herbst.

trocken und dünn. Die männlichen Blüten sitzen zu 5—8 in Köpfchen beisammen in den Achseln der Blätter am vorjährigen Triebe. Die Staubblätter tragen 2—3 Pollensäcke. Die weissen Spaltöffnungsstreifen der Blattunterseite sind breiter wie die zwei grünen Ränder und der grüne Mittelstreifen.

Japanische und chinesische, bei uns nur in milden Lagen (Bozen, Meran, Mainau, Bonn, Heidelberg) gedeihende dekorative, taxusähnliche Pflanzen, von denen drei Arten unterschieden werden, die vielleicht nur Varietäten sind. Alle werden durch Samen oder Stecklinge vermehrt. So:

C. drupacea Sieb. et Zucc. mit ausgebreiteten aufsteigenden Quirlästen; **C. pedunculata** Sieb. et Zucc. (= Harringtonia Koch)

Fig. 100. Cephalotaxus pedunculata fastigiata Carr. Natürl. Grösse.

mit abstehenden oder überhängenden Aesten. Letztere kommt in einer sehr auffallenden Form (fastigiata = coraiana) vor, bei welcher die Blätter nicht gekämmt, sondern spiralig um die gerade aufstrebenden Aeste abstehen (Fig. 100). Auf der Mainau steht ein Exemplar mit beiderlei Beastung. Sie kommt auch goldbunt vor.

Endlich **C. Fortunei** Hook. mit hängenden Aesten und viel grösseren Blättern (6—10 cm) wie die der vorigen (4—5 cm lang) und kleineren männlichen Blütenköpfchen (erbsengross), gegenüber denen der vorigen (6—9 mm dick).

Torreya.

Zweige und Blätter wie bei Cephalotaxus, die weissen Spaltöffnungsstreifen der Blattunterseite aber schmäler wie die drei grünen Streifen, die männlichen Blüten nicht in Köpfchen, sondern einzeln, kugelig auf beschuppten Stielchen in den Blattachseln. Staubbeutel mit vier Säckchen. Die weiblichen Blüten sind je zwei nackte Ovula in den Schuppenachseln. Der Arillus verschmilzt, pflaumenartig werdend, ganz mit dem verholzten, dünnschaligen Integument.

Zwei Arten aus dem südlichen Nordamerika, zwei aus China und Japan, die alle bei uns nur in den mildesten Lagen aushalten und cephalotaxusähnlich aussehen.

Man unterscheidet **T. grandis** Fort. aus den Gebirgen des nördlichen China, wo sie 25 m Höhe erreicht. Sie hat fast geruchlose Samen und Blätter und netzig-grubige innere Samenschalen. Bei allen anderen riechen die ersteren wachholderartig und die Samenschalen sind längsgestreift.

T. nucifera Sieb. et Zucc., Nusseibe. Kleiner Baum oder Unterholz aus den japanischen Gebirgen, zuweilen auch Stämme erster Klasse. Weibliche Blütenknospen in Schuppenachseln an diesjährigen Zweigen. Arillus grünbraun. Samenkern zur Herstellung von Speiseöl benutzt und gegessen.

T. taxifolia Arn., Stinkeibe. Kleiner Baum aus Florida. Weibliche Blütenknospen in den Laub-Blattachseln vorjähriger Triebe.

T. californica Torr., Baum aus den Gebirgen Californiens, der bis 30 m hoch wird, mit grösseren Blättern und Samen wie die der vorigen und von sehr unangenehmem Geruch.

Register.

Abies 66.
Abietineae 8.
Actinostrobus 117.
adiantifolia Ginkgo 153.
adpressa Taxus 159.
Agathis 6.
Ajanensis Picea 65.
alba Picea 54.
Albertiana Tsuga 88.
Alcockiana Picea 62.
Aleppokiefer 22.
amabilis Abies 80.
americana Larix 99. 102.
angiospermae = nacktsamige 1.
Apophyse = Schuppenschild 9.
Araragi Tsuga 88.
Araucaria 7.
Araucarieae 6.
Archeri Fitzroya 119.
Arillus 153. 158.
aristata Pinus 35.
Arthrotaxis 107.
Arve 43.
Assimilationsorgane 2. 9.
atlantica Cedrus 96.
australis Agathis 7.
australis Callitris 118.
austriaca Pinus 19.

baccata Taxus 156.
Balfouriana Pinus 31.
balsamea Abies 79.
Balsam-Tanne 79.
Banksiana Pinus 27.
Belis 105.
Benthamii Cupressus 132.
Bergkiefer 15.
bicolor Picea 62.
Bidwillii Araucaria 7.
bifida Abies 84.
biloba Ginkgo 153.
Biota 127.
Blei-tiftceder 148.
brachyphylla Abies 85.

bracteata Abies 83.
brasiliana Araucaria 7.
brevifolia Taxus 159.
Breweriana Picea 53.
Bridgesii Tsuga 88.
Brunoniana Tsuga 88.
brutia Pinus 23.
Bungeana Pinus 34.

calabrica Pinus 19.
californica Juniperus 150.
californica Torreya 161.
Callitris 118.
canadensis Taxus 159.
canadensis Tsuga 87.
canariensis Pinus 35.
caroliniana Tsuga 88.
Carpelle = Blütenblätter 1.
Caryocedrus (Sekt.) 143.
Cedrus. Cedern 93.
Cembra Pinus 43.
Cembra (Subsekt.) 43.
cephalonica Abies 75.
Cephalotaxus 159.
Chamaecyparis 132.
chilensis Libocedrus 122.
chinensis Juniperus 150.
cilicica Abies 76.
Commersonii Callitris 118.
communis Juniperus 143.
concolor Abies 82.
conferta Juniperus 146.
Coniferae 1.
conspicua Saxegothaea 151.
contorta Pinus 27.
Cookii Araucaria 7.
corsicana Pinus 19.
Coulteri Pinus 33.
Cryptomeria 8. 112.
cubensis Pinus 30.
Cunninghamia 105.
Cunninghamii Araucaria 7.
Cupressineae 117.
cupressoidesArthrotaxis107.
cupressoides Callitris 118.
Cupressus 128.

cuspidata Taxus 159.
cuticula = Korkhäutchen 2.
Cycadinae 1.
Cypresse 128.

Dacrycarpus 152.
Dacrydium 152.
dahurica Larix 101.
Dammara Agathis 7.
Davidiana Keteleeria 86.
decidua Larix 98.
decurrens Libocedrus 121.
decussiert = gegenständig 120.
densiflora Pinus 28.
Deodara Cedrus 93.
Diselma 119.
distichum Taxodium 114.
diversifolia Tsuga 88.
dolabrata Thujopsis 119.
Doniana Libocedrus 122.
dorsiventral s. S. 132.
Douglasii Pseudotsuga 89.
Douglastanne 89.
drupacea Cephalotaxus 161.
drupacea Juniperus 143.
dumosa Tsuga 88.

edulis Pinus 33.
Eibe 156.
Engelmanni Picea 56.
Eupodocarpus 152.
europaea Larix 98.
Eustrobus (Subsekt.) 35.
excelsa Araucaria 7.
excelsa Juniperus 150.
excelsa Picea 48.
excelsa Pinus 40.
exine = Aussenhaut 9.

fastigiata Cupressus 129.
fennica Picea 53.
Fichten 47.
firma Abies 84.
Fitzroya 119.
foetidissima Juniperus 150.

Föhren 9.
Fortunei Cephalotaxus 161.
Fortunei Keteleeria 86.
Fraseri Abies 80.
Freneka 118.
fruticosa Callitris 118.
funebris Cupressus 131.

Gerardiana Pinus 34.
gigantea Sequoia 108.
gigantea Thuja 125.
Ginkgo 153.
glabra Pinus 30.
glauca Cupressus 132.
Glehni Picea 62.
Glyptostrobus 116.
Gnetineae 1.
Gordoniana Abies 84.
Goveniana Cupressus 132.
grandis Abies 84.
grandis Torreya 161.
griechische Tanne 75.
Griffithii Larix 102.
Guadalupensis Cupressus 132.
gymnospermae = bedecktsamige 1.

Hackenkiefer 15.
halepensis Pinus 22.
Harringtonia 161.
Hartwegii Pinus 35.
Hemlockstannen 86.
heterophyllus Glyptostrobus 116.
Hexaclinis 118.
Hiba 119.
Himalaya-Strobe 40.
Hinoki-Cypresse 136.
holophylla Abies 84.
homolepis Abies 85.
Hondoënsis Picea 64.
Hookeriana Tsuga 88.
horizontalis Cupressus 129.
hypophyllus Phyllocladus 153.

imbricata Araucaria 7.
inops Pinus 27. 28.
italica Pinus 19.

jaculifolia Belis 105.
japonica Cryptomeria 112.
japonica Larix 101.
japonica Pseudotsuga 92.
japonica Thuja 126.
Jeffreyi Pinus 31.

jesoënsis Picea 65.
juniperoides Callitris 118.
Juniperus 142.

Kaempferi Pseudolarix 102.
Kauri 7.
Keteleeria 86.
Khoutrow Picea 57.
Kiefern 9.
Koraiensis Pinus 46.
Krummholzkiefer 15.

Lärchen 97.
laetevirens Thujopsis 121.
Lambertiana Pinus 40.
lanceolata Cunninghamia 105.
lapponica Picea 53.
Laricio Pinus 18.
Larix 97.
lasiocarpa Abies 82.
lateral = seitenständig 89.
Latsche 15.
Lawsoniana Chamaecyparis 133.
Lawsonscypresse 133.
laxifolia Arthrotaxis 107.
Lebensbäume 122.
leptolepis Larix 99. 101.
leucodermis Pinus 19.
Libani Cedrus 95.
Libocedrus 121.
Lindleyi Cupressus 132.
litoralis Juniperus 146.
Lobbii Thuja 125.
longifolia Pinus 33. 34.
lusitanica Cupressus 132.
Lyallii Larix 102.

Macleyana Callitris 118.
Macnabiana Cupressus 132.
macrocarpa Juniperus 146.
magnifica Abies 84.
Mariesii Abies 85.
maritima Pinus 19. 20.
medioxima Picea 53.
Menziesii Picea 65.
Menziesii Thuja 125.
Mertensiana Tsuga 88.
Microcachrys 151.
micropyle = Einmund 1.
microsperma Picea 65.
mitis Pinus 28.
monophylla Pinus 34.
monspeliensis Laricio 19.
montana Pinus 15.
Montezumae 35.

monticola Pinus 39.
Morinda Picea 57.
Mughus Pinus 16.
Murrayana Pinus 27.

Nagaia 152.
nana Juniperus 145.
Nepal-Weymouthskiefer 40.
nephrolepis Abies 78.
nigra Picea 54.
nigricans Pinus 19.
nipponica Juniperus 146.
nobilis Abies 80.
Nordmanniana Abies 72.
Nordmannstanne 72.
nucifera Torreya 161.
numidica Abies 76.
Nusskiefer 24.
nutkaënsis Chamaecyparis 140.

obovata Picea 53.
obtusa Chamaecyparis 136.
occidentalis Juniperus 150.
occidentalis Larix 102.
occidentalis Pinus 35.
occidentalis Thuja 123.
Octoclinis 118.
österreichische Kiefer 19.
Omorika Picea 63.
orientalis Biota 127.
orientalis Picea 59.
osteosperma Pinus 33.
ovula = Eierchen 1.
Oxycedrus (Sekt.) 143.
Oxycedrus Juniperus 145.

Pachylepis 118.
Pallasiana Pinus 19.
papuana Libocedrus 122.
Paroliniana Pinus 23.
Parryana Picea 56.
Parryana Pinus 33.
parviflora Pinus 46.
parvifolia Taxus 159.
patagonica Fitzroya 119.
Pattoniana Tsuga 88.
Pechtanne 78.
pectinata Abies 68.
pendula Cupressus 131.
pendulus Glyptostrobus 116.
pentaphylla Pinus 43.
Peuce Pinus 41.
phoenica Juniperus 150.
Phyllocladus 153.
Picea 47.
Pichta Abies 78.

Pinaster (Sekt.) 10.
Pinaster Pinus 20.
Pindrow Abies 78.
Pinea Pinus 24.
Pinea (Subsekt.) 10.
Pinsapo Abies 76.
Pinus 9.
pisifera Chamaecyparis 138.
plicata Thuja 124.
pedunculata Cephalotaxus 159. 161.
Podocarpeae 151.
Podocarpus 152.
polita Picea 61.
ponderosa Pinus 30.
Poiretiana Laricio 19.
Pseudolarix 102.
Pseudo-Sabina Juniperus 151.
Pseudostrobus Pinus 35.
Pseudostrobus (Subsekt.) 35.
Pseudotsuga 89.
pumila Pinus 46.
Pumilio Pinus 16.
pungens Picea 56.
pungens Pinus 28.
Purpurtanne 80.
pyramidalis Actinostrobus 117.
pyrenaica Pinus 19. 23.

quadrivalvis Callitris 118.

recurva Juniperus 151.
religiosa Abies 67.
resinosa Pinus 28.
Retinispora 117.
rhomboidalis Phyllocladus 153.
rhomboidea Callitris 118.
Riesenkiefer 40.
rigida Juniperus 146.
rigida Pinus 29.
robusta Callitris 118.
rubra Picea 54.
Rulei Araucaria 7.
rumelische Strobe 41.

Sabina Juniperus 146.
Sabina (Sekt.) 146.
Sabiniana Pinus 33.
sachalinensis Abies 85.

Sadebäume 146.
Salisburya 153.
Sandarak 118.
Sapindus-Fichte 59.
Sawaracypresse 138.
Saxegothaea 151.
Schimmelfichte 54.
Schierlingstanne 86.
Schirmföhre 24.
Schirmtanne 103.
Schrenkiana Picea 53.
Schwarzkiefer 18.
Sciadopitys 103.
scopulorum ponderosa Pinus 31.
selaginoides Arthrotaxis 107.
sempervirens Cupressus 128.
sempervirens Sequoia 110.
Sequoia 107.
serotina Pinus 30.
Sevenbäume 146.
sibirica Abies 78.
sibirica Larix 101.
Sieboldii Taxus 159.
Sieboldii Tsuga 88.
Silbertanne 80.
silvestris Pinus 10.
sinensis Cunninghamia 105.
sitchensis Picea 65.
Sitcha-Fichte 65.
Smithiana Picea 57.
Sonnencypresse 136.
spanische Tanne 76.
spectabilis Abies 78.
sphaerica Juniperus 151.
sphaeroidea Chamaecyparis 141.
Spherosphaera 152.
Spirke 15.
Stachycarpus 152.
Standishii Thuja 126.
steril = unfruchtbar 122.
Sternkiefer 20.
Strandkiefer 20.
Strobus Pinus 35.
Strobus (Sekt.) 35.
subalpina Abies 80.
Sumpfcypresse 114.

Taeda Pinus 30.
Taeda (Subsekt.) 28.
Tannen 66.
tardiva Taxus 159.

taurica Pinus 19.
Taxaceae 152.
taxifolia Pseudotsuga 89.
taxifolia Torreya 161.
taxifolia Tsuga 88.
Taxodieae 103.
Taxodium 114.
Taxus 156.
tetragona Libocedrus 122.
tetragona Microcachrys 151.
Thränenkiefer 40.
Thuja 122.
Thujopsis 119.
Thunbergii Pinus 28.
thurifera Juniperus 150.
thyoides Chamaecyparis 141.
Torano-Fichte 61.
Torreya 161.
Torreyana Pinus 33.
torulosa Cupressus 132.
trichomanoides Phyllocladus 153.
triquetra Callitris 118.
Tsuga 86.

Uhdeana Cupressus 132.
umbilicata Abies 85.
uncinata Pinus 15.
Uwarowii Picea 53.

Veitchii Abies 85.
verrucosa Callitris 118.
verticillata Sciadopitys 103.
virginiana Juniperus 148.

Wachholder 142.
Washingtonia 108.
Webbiana Abies 78.
Weissfichte 54.
weissrindige Kiefer 19.
Weisstanne 68.
Wellingtonia 108.
Weymouthskiefern 35.
Whytei Callitris 118.
Widdringtonia 118.
Williamsonii Tsuga 88.

Zapfensucht 13. 17.
Zirbelkiefer 40.
Zuckerkiefer 43.
Zweinadelige Kiefern 10.
Zwergzirbel 46.

www.ingramcontent.com/pod-product-compliance
Lightning Source LLC
Chambersburg PA
CBHW031452160426
43195CB00010BB/944